CE2

Outils pour les Maths

Marie-Laure Frey-Tournier
Professeur des écoles
Françoise Reale-Bruyat
Conseillère pédagogique

Directeur d'ouvrage :
Patrice Gros
Inspecteur de l'Éducation nationale

MAGNARD

Avant-propos

Le cahier de mathématiques et le manuel constituent les principaux outils de l'élève. L'apprentissage des mathématiques, comme celui de la lecture, doit s'appuyer sur un support de référence stable et de qualité. Le manuel constitue ce référent commun pour l'école et la famille.
Outils pour les Maths s'inscrit donc dans ces principes.

Nous avons eu le souci permanent :
– de garantir rigoureusement le **respect des programmes** de l'école élémentaire tout en conduisant les élèves à la maîtrise du socle commun de connaissances et de compétences ;
– de proposer des situations permettant à tous les élèves de **maîtriser les compétences travaillées** ;
– de structurer des exercices progressifs permettant l'acquisition des compétences par une **progression spiralaire** des objectifs d'apprentissage ;
– d'articuler l'installation d'**automatismes** construits et la **résolution de problèmes** progressifs ;
– et enfin, de permettre « le développement de l'imagination, la rigueur et la précision ainsi que le goût du raisonnement » (programmes 2008).

Une organisation par domaines mathématiques

La structure de ce manuel permet de garantir pleinement la liberté pédagogique affirmée dans les programmes 2008. Il se compose de 75 chapitres couvrant l'ensemble du programme et organisés en six parties correspondant aux domaines des programmes.

Le calcul mental

Le calcul mental se traite essentiellement à l'oral : vous trouverez dans le guide du maître les exercices oraux et l'explicitation des procédures usuelles. Pour compléter ces moments d'apprentissage, la partie **« Vers le calcul mental »** du manuel propose des exercices d'entraînement à faire à l'écrit qui permettent de systématiser les procédures.

Des chapitres structurés

Dans les autres domaines, chaque chapitre est constitué :
– d'une situation de recherche *(Cherchons)* assurant une entrée dans la compétence par la réflexion, l'observation et l'échange autour de questions qui conduisent chaque élève vers le nouvel apprentissage ;
– d'une leçon, qui est à la fois une institutionnalisation permettant aux élèves de structurer leur apprentissage et une synthèse constituant un référent auquel ils pourront se reporter à tout moment ;
– de nombreux exercices progressifs permettant d'entraîner et de consolider chaque compétence des programmes.

Un support consommable pour certains exercices du manuel

Les exercices précédés du pictogramme sont également disponibles sous forme de fiches imprimables. Il s'agit d'exercices difficiles à reproduire pour les élèves, nécessitant un support consommable (tableaux, quadrillages, droites numériques graduées, etc.).
Vous pouvez les télécharger gratuitement sur **www.opm.magnard.fr** ; vous les trouverez aussi dans le CD-Rom du guide du maître.

En naviguant dans le manuel, vous pourrez exercer pleinement votre liberté pédagogique et adapter la mise en œuvre des apprentissages aux besoins de vos élèves. Associé aux éléments didactiques du guide du maître, ce manuel a été conçu pour répondre à vos attentes.

Les auteurs

Outils

Une **situation de recherche** pour réfléchir et manipuler ensemble

La **leçon** :
pour retenir le raisonnement et les procédures mathématiques

Des exercices regroupés par **compétences**

Comparer, ranger et encadrer les nombres jusqu'à 9 999

Cherchons

Samir, Noah et Clara tirent à l'arc. Chacun a huit flèches.
Voici leur cible après les tirs :

→ **Quel est le score de chaque enfant ?**

→ **Range les scores du plus grand au plus petit.**

- Pour **comparer des nombres entre 1 000 et 9 999**, on compare les **unités de mille**, puis si besoin les **centaines**, les **dizaines** et enfin les **unités**.
  Ex. : 2 083 < 3 410 — 2 083 est **inférieur à** 3 410.
  4 882 > 3 072 — 4 882 est **supérieur à** 3 072.
- On peut **ranger les nombres** :
  – dans l'**ordre croissant** : 1 105 < 2 083 < 3 410 < 5 807
  – dans l'**ordre décroissant** : 5 807 > 3 410 > 2 083 > 1 105
- On peut les **encadrer** : **2 000** < 2 083 < **3 000**.
- On peut aussi les placer sur une **droite numérique graduée** :

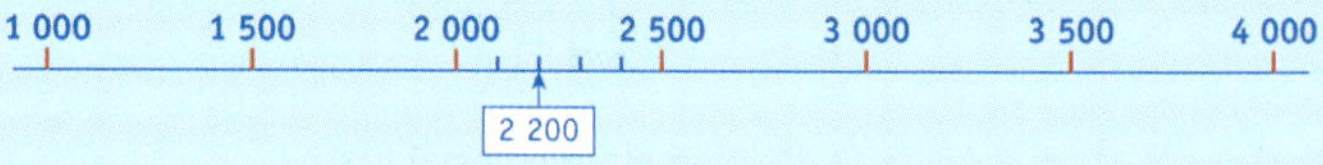

Comparer et ranger des nombres

1 * **Recopie le plus grand nombre de chaque série.**

a. 8 425 – 5 604 – 7 124 – 9 901 – 1 275
b. 3 281 – 3 278 – 3 211 – 3 287 – 3 271
c. 7 010 – 6 999 – 6 099 – 7 001 – 6 900
d. 1 500 – 1 203 – 1 230 – 1 320 – 1 023
e. 6 040 – 6 004 – 6 400 – 6 044 – 6 404

2 * **Complète avec < ou >.**

Rappelle-toi : la grande ouverture du signe est du côté du grand nombre.

a. 7 412 … 8 541
3 427 … 1 289
9 804 … 9 408
2 003 … 3 002

b. 5 127 … 5 147
6 089 … 6 809
4 865 … 4 856
9 888 … 8 999

Des **rappels** ou des **conseils** pour t'aider

POUR LES

Maths

3 * Range ces nombres dans l'ordre croissant.

a. 4 025 – 125 – 78 – 92 – 3 642 – 859

b. 5 899 – 3 400 – 6 034 – 9 999 – 6 009

4 ** Range ces nombres dans l'ordre décroissant.

3 098 3 056 3 105 3 200 3 408 3 048

5 *** Recompose ces nombres et range-les dans l'ordre croissant.

A = 7 000 + 500 + 2
B = 50 + 7 000 + 2
C = 7 000 + 500 + 30 + 2
D = 7 000 + 2 + 500 + 40
E = 7 000 + 300 + 50 + 2
F = 7 000 + 600

Encadrer des nombres

6 * Recopie seulement les nombres compris entre 7 820 et 7 920.

7 862 7 884 7 951 7 816
7 916 6 860 7 990 7 890

7 ** Encadre ces nombres à la centaine près.

*Ex. : **2 500** < 2 550 < **2 600***

a. 3 210 – 6 759 – 5 128 – 7 106 – 9 599

b. 8 870 – 1 044 – 3 028 – 5 101 – 4 647

8 ** Encadre ces nombres à l'unité de mille près.

*Ex. : **4 000** < 4 883 < **5 000***

a. 1 231 – 5 550 – 3 105 – 4 232 – 8 187

b. 6 700 – 7 052 – 2 354 – 4 012 – 925

Placer des nombres sur une droite numérique graduée

9 * Place ces dates d'invention sur la droite numérique graduée, puis indique quelle invention est la plus ancienne.

Machine à coudre 1 830 — Automobile 1 770 — Télévision en couleurs 1 950 — Balance de Roberval 1 670 — Pile électrique 1 800

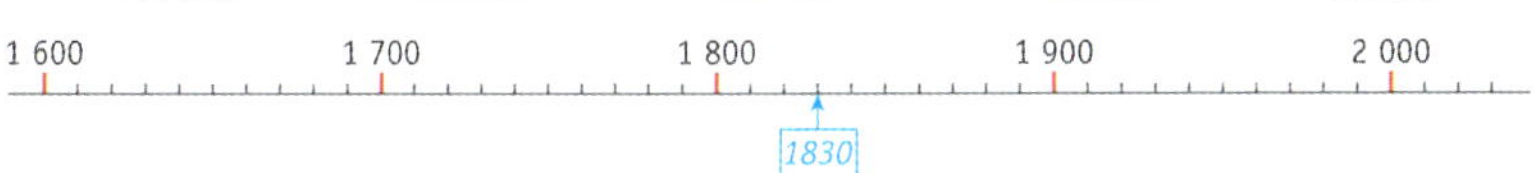

10 * Indique si chaque étiquette est bien placée ou mal placée.

Ex. : 1 100 est bien placé.

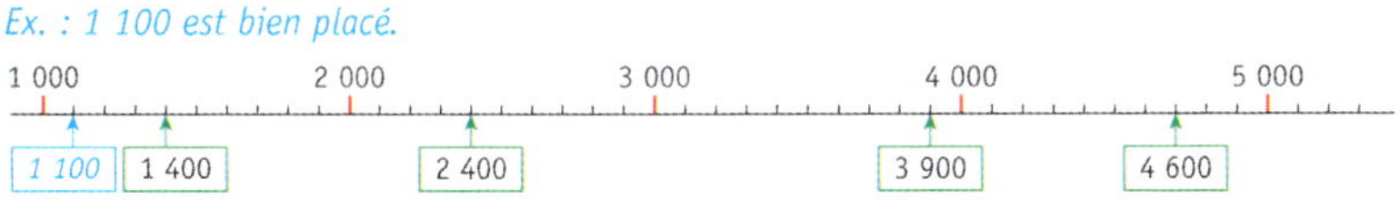

Défi Paul a perdu le code de son cadenas de vélo. Aide-le à le retrouver en te servant de ces indices :

- *C'est un nombre à 4 chiffres.*
- *Il est compris entre 4 560 et 4 600.*
- *Il se termine par 5.*
- *Le chiffre de ses dizaines est 9.*

Le **niveau de difficulté** de l'exercice (1, 2 ou 3 *)

Les exercices difficiles à reproduire (tableaux, quadrillages, droites graduées) sont disponibles sous forme de **fiches imprimables**

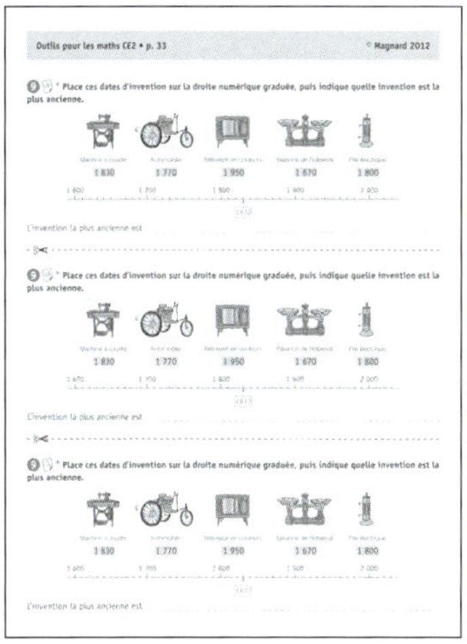

→ à télécharger gratuitement sur **www.opm.magnard.fr** ou dans le CD-Rom du guide du maître

De nombreux exercices te donnent de vraies informations dans d'autres disciplines

Un **défi**, un jeu ou une énigme mathématique pour t'entraîner à chercher… et à trouver !

Sommaire

Vers le calcul mental

Nombres

Les nombres jusqu'à 9 999

Les nombres jusqu'à 99 999

Les nombres jusqu'au million

Calcul

L'addition et la soustraction

La multiplication

La division

Géométrie

Grandeurs et mesures

Organisation et gestion de données

Proposition de programmation

	Calcul mental	Nombres
Période 1	• Ajouter, additionner des multiples de 10 • Ajouter 9, ajouter 11… • Ajouter, additionner des multiples de 5 • Écrire des suites numériques • Soustraire des multiples de 10 • Soustraire 9, soustraire 11… • Soustraire des multiples de 5 • Écrire des suites numériques décroissantes • Connaître le double de nombres usuels • Calculer le double de multiples de 10, de 5 • Connaître la moitié de nombres usuels	• Réviser les nombres jusqu'à 999 (1) • Réviser les nombres jusqu'à 999 (2) • Lire et écrire les nombres jusqu'à 9 999
Période 2	• Calculer des compléments • Additionner deux nombres • Soustraire deux nombres • Trouver le terme manquant • Connaître les tables de multiplication par 2, 3, 4, 5 • Connaître le triple de nombres usuels • Connaître le quadruple de nombres usuels • Connaître les tables de multiplication par 6, 7 • Connaître les tables de multiplication par 8, 9	• Décomposer les nombres jusqu'à 9 999 • Comparer, ranger et encadrer les nombres jusqu'à 9 999 • Lire et écrire les nombres jusqu'à 99 999
Période 3	• Multiplier par 10, 100, 1 000 • Multiplier par des multiples de 10 • Multiplier par 5, 9, 11 • Connaître les relations de multiplication entre 5, 10, 25, 50 et 100 • Connaître les relations de multiplication entre 15, 30 et 60 • Calculer le double d'autres nombres • Calculer le triple de multiples de 10, de 5 • Calculer le quadruple de multiples de 10, de 5	• Décomposer les nombres jusqu'à 99 999 • Comparer, ranger et encadrer les nombres jusqu'à 99 999
Période 4	• Multiplier par 15, 25, 50 • Calculer le triple d'autres nombres • Calculer le quadruple d'autres nombres • Diviser par 5 dans les tables • Diviser par 6, 7 dans les tables • Diviser par 8, 9 dans les tables • Calculer la moitié de multiples de 10 • Calculer la moitié d'autres nombres • Calculer le tiers de nombres usuels • Calculer le quart de nombres usuels	• Lire et écrire les nombres jusqu'au million • Décomposer les nombres jusqu'au million • Comparer, ranger et encadrer les nombres jusqu'au million
Période 5	• Diviser par 10, par 5 • Connaître les relations entre 5, 10, 25, 50 et 100 • Connaître les relations entre 15, 30 et 60 • Diviser par 25, par 50 • Calculer le tiers de multiples de 10 • Calculer le tiers d'autres nombres • Calculer le quart de multiples de 10 • Calculer le quart d'autres nombres	• Problèmes : les nombres jusqu'au million

Ce tableau donne un exemple de répartition, par périodes, des compétences du programme de CE2.
Les compétences abordées durant une période devront être réactivées et retravaillées si nécessaire pendant les périodes suivantes.

Calcul	Géométrie	Grandeurs et mesures	Organisation et gestion de données
• Additionner deux nombres entiers • Soustraire deux nombres entiers (1) • Soustraire deux nombres entiers (2) • Problèmes : l'addition et la soustraction	• Utiliser la règle graduée et l'équerre • Utiliser le vocabulaire géométrique : côté, sommet, angle, milieu	• Connaître la relation entre euro et centime d'euro	• Organiser les données d'un énoncé
• Réviser le sens de la multiplication (prérequis à la mémorisation des tables de multiplication) • Connaître et utiliser la technique opératoire de la multiplication (1)	• Reconnaître, décrire et nommer un carré, un rectangle, un losange • Reproduire et tracer un carré, un rectangle, un losange	• Connaître la relation entre les unités de temps • Lire l'heure	• Utiliser un tableau (1)
• Connaître et utiliser la technique opératoire de la multiplication (2) • Problèmes : la multiplication • Problèmes : l'addition, la soustraction et la multiplication	• Reconnaître, décrire et nommer un cube, un pavé droit • Reproduire des figures à partir d'un modèle	• Mesurer des capacités et connaître la relation litre/centilitre • Mesurer des masses et connaître la relation kilogramme/gramme • Problèmes	• Utiliser un tableau (2)
• Comprendre le sens de la division : groupements • Comprendre le sens de la division : partages • Connaître et utiliser une technique opératoire de la division (1)	• Reconnaître, décrire et nommer le triangle et ses cas particuliers • Reproduire et tracer le triangle rectangle • Tracer un cercle avec un compas	• Mesurer des longueurs • Connaître les relations entre les unités de longueur (1) • Connaître les relations entre les unités de longueur (2)	• Utiliser un graphique (1)
• Connaître et utiliser une technique opératoire de la division (2) • Utiliser les touches des opérations de la calculatrice • Problèmes : la division • Problèmes : les quatre opérations	• Reconnaître et tracer des axes de symétrie • Tracer le symétrique d'une figure	• Calculer le périmètre d'un polygone • Problèmes	• Utiliser un graphique (2)

Calculer mentalement des sommes

Ajouter, additionner des multiples de 10

1 **Ajoute 10.**

54 – 248 – 740 – 30 – 78 – 309 – 881

2 **Ajoute 10.**

197 – 2 312 – 492 – 4 387 – 8 045 – 997

3 **Ajoute 100.**

248 – 503 – 482 – 600 – 130 – 729 – 41

4 **Ajoute 100.**

4 504 – 8 015 – 7 600 – 5 456 – 6 936

5 **Ajoute 1 000.**

8 954 – 6 500 – 2 003 – 5 633 – 3 400

6 **Calcule.**

a. 50 + 30	20 + 60
b. 430 + 40	810 + 60
c. 500 + 400	450 + 300
d. 840 + 130	760 + 210

7 **Calcule.**

a. 5 000 + 2 000	6 000 + 2 000
b. 8 400 + 500	7 300 + 800
c. 1 050 + 800	40 + 4 640
d. 6 570 + 3 000	3 400 + 700

8 **Calcule.**

a. 56 + 20	42 + 50
b. 89 + 600	457 + 500
c. 654 + 300	763 + 110
d. 422 + 280	210 + 259

9 **Calcule.**

a. 8 456 + 300	9 321 + 500
b. 534 + 5 000	6 092 + 3 000
c. 5 577 + 4 000	1 052 + 6 000
d. 5 508 + 600	4 935 + 2 000

10 **Calcule.**

a. 47 + 500 + 30
b. 263 + 20 + 400
c. 645 + 300 + 40
d. 583 + 200 + 10
e. 229 + 600 + 50

11 Combien de stylos le vendeur vient-il de recevoir ?

Ajouter 9, ajouter 11…

12 **Ajoute 9.**

a. 14 – 17 – 45 – 23 – 76 – 52 – 30 – 61
b. 149 – 672 – 801 – 456 – 738 – 212

13 **Ajoute 19.**

23 – 48 – 14 – 70 – 81 – 36 – 145 – 287

14 **Ajoute 99.**

50 – 74 – 270 – 800 – 349 – 601 – 438

15 **Ajoute 90.**

80 – 56 – 250 – 680 – 742 – 834 – 1 860

16 **Ajoute 11.**

a. 15 – 26 – 84 – 52 – 37 – 125 – 483
b. 332 – 569 – 189 – 241 – 2 138 – 692

17 **Calcule.**

a. 45 + 21	67 + 31
b. 79 + 21	54 + 71
c. 560 + 51	870 + 41

Ajouter, additionner des multiples de 5

18 **Ajoute 15.**

a. 45 – 75 – 15 – 10 – 35 – 100 – 60
b. 135 – 370 – 895 – 905 – 215 – 795

19 **Calcule.**

a. 50 + 50	200 + 350
b. 550 + 350	250 + 450
c. 1 750 + 150	2 650 + 250
d. 5 250 + 250	4 050 + 350

20 **Calcule.**

a. 25 + 50	75 + 75
b. 75 + 25	50 + 75
c. 125 + 25	250 + 75
d. 425 + 50	825 + 75
e. 625 + 150	375 + 225

21 Dans un village, l'école maternelle compte 75 élèves. L'école élémentaire compte 25 élèves de CP/CE1 et 25 élèves de CE2/CM1/CM2. Combien y a-t-il d'élèves dans ce village ?

Écrire des suites numériques

22 **a.** Compte de 5 en 5 à partir de 40, jusqu'à 120.
b. Compte de 10 en 10 à partir de 48, jusqu'à 158.
c. Compte de 25 en 25 à partir de 50, jusqu'à 350.
d. Compte de 50 en 50 à partir de 800, jusqu'à 1 300.
e. Compte de 100 en 100 à partir de 503, jusqu'à 1 203.

23 **Observe chaque suite et écris les sept nombres qui viennent après.**

a. 1 421 – 1 521 – 1 621 – …
b. 854 – 864 – 874 – …
c. 442 – 1 442 – 2 442 – …

Calculer des compléments

24 **Ajoute ce qu'il manque à chaque nombre pour obtenir 100.**

*Ex. : 25 + **75** = 100*

40 – 70 – 50 – 65 – 39 – 73 – 46 – 18

25 **Complète.**

a. 867 + … = 900	371 + … = 400
b. 488 + … = 500	753 + … = 800
c. 235 + … = 300	544 + … = 600
d. 752 + … = 800	626 + … = 700

26 **Ajoute ce qu'il manque à chaque nombre pour obtenir 1 000.**

*Ex. : 250 + **750** = 1 000*

200 – 600 – 500 – 330 – 960 – 420

Additionner deux nombres

27 **Calcule.**

a. 23 + 35	15 + 72
b. 520 + 37	32 + 530
c. 492 + 205	378 + 411
d. 384 + 114	630 + 256

28 **Calcule.**

a. 80 + 30	60 + 50
b. 15 + 57	57 + 37
c. 560 + 50	844 + 80
d. 660 + 63	482 + 84

29 **Calcule.**

a. 156 + 37	225 + 36
b. 640 + 270	390 + 490
c. 2 305 + 2 305	4 008 + 4 008
d. 7 230 + 360	1 700 + 5 700

Calculer mentalement des différences

Soustraire des multiples de 10

1 **Soustrais 10.**

45 89 562 430 300 704

2 **Soustrais 10.**

1 500 7 425 8 237 4 899 3 004

3 Avec son billet de 10 €, combien manque-t-il à Nils pour acheter le jeu électronique ? Le livre ? Le lot de DVD ?

4 **Soustrais 100.**

562 400 849 704 128 102

5 **Soustrais 100.**

1 800 2 654 8 482 3 111 7 063

6 **Soustrais 1 000.**

4 589 7 803 9 025
4 963 1 002 3 704

7 **Calcule.**

a. 80 – 30 70 – 40
b. 90 – 20 60 – 50
c. 160 – 50 600 – 400
d. 240 – 70 800 – 120
e. 300 – 240 400 – 260

8 **Calcule.**

a. 1 500 – 300 8 460 – 50
b. 2 600 – 80 7 200 – 60
c. 3 900 – 3 000 7 300 – 200
d. 6 100 – 500 4 300 – 600

9 **Calcule.**

a. 48 – 20 63 – 50
b. 237 – 30 789 – 60
c. 661 – 300 380 – 200
d. 742 – 100 567 – 100

10 **Calcule.**

a. 8 523 – 3 000 6 200 – 4 000
b. 7 400 – 2 300 9 374 – 1 200
c. 8 763 – 3 000 8 902 – 7 000
d. 9 400 – 8 200 4 830 – 3 000

Soustraire 9, soustraire 11…

11 **Soustrais 9.**

19 80 35 23 48 72 94 65

12 **Soustrais 9.**

125 672 807 400 902 511

13 **Calcule.**

a. 25 – 19 47 – 19
b. 37 – 19 62 – 19
c. 840 – 99 264 – 99
d. 231 – 99 746 – 99

14 **Soustrais 90.**

452 368 781 504
1 423 9 000 7 458 2 003

15 **Soustrais 11.**

48 23 67 92 135
861 493 626 247 589

16 **Calcule.**

a. 71 – 21 65 – 31
b. 54 – 31 78 – 51
c. 143 – 21 187 – 61
d. 459 – 101 830 – 101
e. 246 – 101 199 – 101

Entraînement individuel écrit pour préparer ou renforcer les exercices collectifs oraux proposés dans le guide du maître.

17 Quel est le montant de la réduction ?

18 Calcule.

a. 45 – 8	234 – 8
b. 723 – 8	926 – 18
c. 657 – 28	481 – 68
d. 632 – 98	505 – 98

Soustraire des multiples de 5

19 Soustrais 15.

35 65 40 90 745
900 425 620 310 105

20 Calcule.

a. 650 – 50	400 – 50
b. 850 – 150	900 – 350
c. 4 550 – 350	6 700 – 250
d. 2 800 – 650	4 200 – 150

21 Calcule.

a. 75 – 25	100 – 75
b. 150 – 25	325 – 50
c. 825 – 75	400 – 25

Écrire des suites numériques décroissantes

22 Écris les suites numériques décroissantes suivantes.

Ex. : Écris la suite numérique décroissante de 2 en 2, de 12 à 0. ➜ 12,10, 8, 6, 4, 2, 0.

a. Écris la suite numérique décroissante de 5 en 5, depuis 65 jusqu'à 0.

b. Écris la suite numérique décroissante de 10 en 10, depuis 253 jusqu'à 103.

c. Écris la suite numérique décroissante de 50 en 50, depuis 750 jusqu'à 0.

d. Écris la suite numérique décroissante de 100 en 100, depuis 1 614 jusqu'à 14.

23 Observe chaque suite et écris les sept nombres qui viennent après.

a. 5 896 – 5 796 – 5 696 – …

b. 651 – 641 – 631 – …

c. 9 903 – 8 903 – 7 903 – …

Soustraire deux nombres

24 Calcule.

a. 48 – 43	79 – 75
b. 52 – 47	64 – 56
c. 147 – 139	435 – 425
d. 562 – 542	654 – 604

25 Calcule.

a. 48 – 18	75 – 25
b. 56 – 23	49 – 36
c. 324 – 14	843 – 23
d. 658 – 22	954 – 42

26 Calcule.

a. 60 – 8	50 – 3
b. 80 – 14	90 – 26
c. 30 – 27	40 – 21
d. 260 – 25	330 – 13

Trouver le terme manquant

27 Complète.

a. 84 – … = 60	79 – … = 30
b. 50 – … = 26	80 – … = 48
c. 200 – … = 140	500 – … = 360
d. 842 – … = 820	461 – … = 410

28 Complète.

a. … – 18 = 22	… – 34 = 36
b. … – 23 = 400	… – 12 = 500
c. … – 50 = 732	… – 60 = 417
d. … – 40 = 180	… – 30 = 492

29 Calcule.

a. … – 340 = 200	… – 26 = 34
b. 70 – … = 32	142 – … = 110
c. 45 + … = 60	23 + … = 50
d. 860 – … = 740	… + 420 = 650

Mémoriser les tables de multiplication

Connaître les tables de multiplication par 2, 3, 4, 5

1 Donne le résultat de :

a. 7×2	6×3	5×5
b. 8×4	0×3	9×2
c. 7×5	6×2	3×4
d. 1×3	4×2	8×5
e. 2×2	10×3	0×4
f. 9×4	2×1	8×3

2 Complète.

a. $... \times 3 = 15$	$... \times 4 = 16$
b. $... \times 2 = 6$	$... \times 5 = 10$
c. $... \times 5 = 5$	$... \times 3 = 9$
d. $... \times 4 = 20$	$... \times 2 = 16$
e. $... \times 5 = 50$	$... \times 3 = 12$

3 Complète.

a. $10 \times ... = 20$	$6 \times ... = 24$
b. $7 \times ... = 21$	$6 \times ... = 30$
c. $10 \times ... = 40$	$9 \times ... = 27$
d. $7 \times ... = 14$	$1 \times ... = 4$
e. $9 \times ... = 45$	$7 \times ... = 28$

4 **a.** En 24, combien de fois 3 ?
b. En 15, combien de fois 5 ?
c. En 20, combien de fois 10 ?
d. En 32, combien de fois 4 ?
e. En 20, combien de fois 5 ?
f. En 12, combien de fois 3 ?
g. En 16, combien de fois 8 ?
h. En 40, combien de fois 4 ?

5 Indique si chaque nombre est un résultat de la table de multiplication par 2, 3, 4 ou 5, puis écris le produit qui correspond.

Ex. : 3 ➜ table de 3, car $1 \times 3 = 3$.

2	27	35	28	9	45
14	36	21	50	32	25

6 Combien y a-t-il de chocolats dans la boîte sachant qu'elle est pleine ?

Connaître les tables de multiplication par 6, 7

7 Donne le résultat de :

a. 5×6	3×6	9×6
b. 8×6	2×6	6×6
c. 10×6	0×6	4×6
d. 7×6	1×6	

8 Donne le résultat de :

a. 6×7	2×7	10×7
b. 4×7	9×7	7×7
c. 1×7	8×7	3×7
d. 0×7	5×7	

9 Recopie les nombres qui sont des résultats de la table de multiplication par 6.

52	18	36	54	6
14	26	29	46	48

10 Recopie les nombres qui sont des résultats de la table de multiplication par 7.

30	14	35	26	0
56	64	28	48	63

11 Complète.

a. $... \times 6 = 30$	$... \times 6 = 18$
b. $... \times 7 = 21$	$... \times 6 = 12$
c. $... \times 7 = 49$	$... \times 7 = 70$
d. $... \times 6 = 24$	$... \times 7 = 0$

12 **Complète.**

a. 8 × … = 48 10 × … = 70
b. 5 × … = 35 3 × … = 18
c. 7 × … = 42 9 × … = 54
d. 3 × … = 21 2 × … = 14
e. 4 × … = 28 6 × … = 36

13 **a.** En 24, combien de fois 6 ?
b. En 56, combien de fois 7 ?
c. En 7, combien de fois 7 ?
d. En 30, combien de fois 6 ?
e. En 42, combien de fois 7 ?
f. En 60, combien de fois 6 ?
g. En 12, combien de fois 2 ?
h. En 63, combien de fois 7 ?

14 **Indique si chaque nombre est un résultat de la table de multiplication par 6 ou 7, puis écris le produit qui correspond.**

Ex. : 6 ➜ table de 6, car 1 × 6 = 6.

54	21	35	30	12	49
63	14	24	56	48	36

15 Combien de verres sont en vente ?

Connaître les tables de multiplication par 8, 9

16 **Donne le résultat de :**

a. 9 × 8 2 × 8 4 × 8
b. 7 × 8 0 × 8 3 × 8
c. 5 × 8 8 × 8 1 × 8

17 **Donne le résultat de :**

a. 2 × 9 9 × 9 5 × 9
b. 0 × 9 4 × 9 10 × 9
c. 7 × 9 6 × 9 8 × 9

18 **Recopie les nombres qui sont des résultats de la table de multiplication par 8.**

15	32	56	54	14
16	45	40	72	49

19 **Recopie les nombres qui sont des résultats de la table de multiplication par 9.**

54	46	82	63	35
27	81	56	17	36

20 **Complète.**

a. … × 8 = 48 … × 9 = 45
b. … × 8 = 8 … × 9 = 72
c. … × 9 = 18 … × 8 = 64
d. … × 8 = 24 … × 8 = 80
e. … × 9 = 0 … × 9 = 63

21 **Complète.**

a. 9 × … = 81 3 × … = 27
b. 2 × … = 16 10 × … = 90
c. 4 × … = 32 1 × … = 9
d. 5 × … = 40 7 × … = 56
e. 6 × … = 54 8 × … = 72

22 **a.** En 48, combien de fois 8 ?
b. En 64, combien de fois 8 ?
c. En 54, combien de fois 9 ?
d. En 24, combien de fois 8 ?
e. En 72, combien de fois 9 ?
f. En 27, combien de fois 9 ?
g. En 32, combien de fois 8 ?
h. En 63, combien de fois 9 ?

23 **Indique si chaque nombre est un résultat de la table de multiplication par 8 ou 9, puis écris le produit qui correspond.**

Ex. : 18 ➜ table de 9, car 2 × 9 = 18.

40	8	54	90	36	16
80	9	45	56	81	72

Calculer mentalement des produits (1)

Connaître le double de nombres usuels

1 **Calcule le double de ces nombres.**

5 – 9 – 14 – 7 – 12 – 8 – 10 – 6 – 11

2 **Complète.**

a. 4 est la moitié de … .
b. 9 est la moitié de … .
c. 2 fois 7 font … .
d. 2 fois 13 font … .

Calculer le double de multiples de 10, de 5

3 **Calcule le double de ces nombres.**

10 – 50 – 90 – 40 – 70 – 60 – 20 – 80

4 **Calcule le double de ces nombres.**

a. 500 – 700 – 200 – 400 – 800 – 100
b. 420 – 130 – 240 – 110 – 340 – 410
c. 810 – 530 – 920 – 640 – 550 – 720

5 **Calcule le double de ces nombres.**

a. 1 000 – 5 000 – 2 000 – 4 000 – 3 000
b. 2 400 – 3 200 – 1 300 – 1 100 – 3 300
c. 1 600 – 4 700 – 3 500 – 2 800 – 2 900

6 **Complète.**

a. 600 + 600 = …
b. 9 000 + 9 000 = …
c. 340 est la moitié de … .
d. 730 est la moitié de … .
e. 2 fois 1 300 font … .
f. 2 fois 8 400 font … .

7 **Donne le résultat de :**

a. 2 fois 15 — 2 fois 45 — 2 fois 35 — 2 fois 25 — 2 fois 75

b. 2 fois 450 — 2 fois 350 — 2 fois 150 — 2 fois 4 500 — 2 fois 2 500

8 **Calcule.**

a. 15 × 2	45 × 2
b. 65 × 2	85 × 2
c. 205 × 2	405 × 2
d. 315 × 2	115 × 2

Calculer le double d'autres nombres

9 **Calcule le double de ces nombres.**

a. 32 – 41 – 14 – 23 – 44
b. 54 – 61 – 92 – 71 – 83
c. 28 – 49 – 17 – 29 – 36

10 **Calcule le double de ces nombres.**

a. 412 – 324 – 203 – 104 – 421
b. 823 – 742 – 611 – 903 – 534

11

Combien de cerises Sandrine a-t-elle mangées ?

Connaître le triple de nombres usuels

12 **Calcule le triple de ces nombres.**

4 – 8 – 3 – 5 – 9 – 7 – 2 – 6 – 10 – 1

13 **Complète.**

a. 3 fois 6 font … .
b. 3 fois 9 font … .
c. 5 est le tiers de … .
d. 4 est le tiers de … .

14 Étienne a 9 ans. Son père a le triple de son âge. Quel âge a le père d'Étienne ?

Entraînement individuel écrit pour préparer ou renforcer les exercices collectifs oraux proposés dans le guide du maître.

Calculer le triple de multiples de 10, de 5

15 **Calcule le triple de ces nombres.**

a. 40 – 70 – 80 – 30 – 10 – 50 – 20 – 60

b. 700 – 900 – 400 – 600 – 200 – 100

16 **Calcule le triple de ces nombres.**

2 000 – 5 000 – 8 000 – 4 000 – 9 000

17 **Calcule.**

a. 120 × 3 — 320 × 3

b. 310 × 3 — 220 × 3

c. 2 100 × 3 — 3 300 × 3

d. 1 200 × 3 — 2 300 × 3

18 **Calcule le triple de ces nombres.**

15 – 25 – 215 – 325 – 115 – 225

19 **Complète.**

a. 15 est le tiers de … .

b. 3 fois 25 font … .

c. 125 est le tiers de … .

d. 3 fois 3 250 font … .

Calculer le triple d'autres nombres

20 **Calcule le triple de ces nombres.**

32 – 23 – 21 – 12 – 31 – 33 – 101 – 203

21 **Calcule le triple de ces nombres.**

26 – 17 – 14 – 41 – 19 – 52 – 104 – 803

Connaître le quadruple de nombres usuels

22 **Calcule le quadruple de ces nombres.**

6 – 4 – 9 – 3 – 8 – 2 – 1 – 5 – 7 – 10

23 **Complète.**

a. 4 fois 8 font … .

b. 4 fois 2 font … .

c. 5 est le quart de … .

d. 4 est le quart de … .

Calculer le quadruple de multiples de 10, de 5

24 **Calcule le quadruple de ces nombres.**

a. 60 – 90 – 50 – 70 – 20 – 10 – 40 – 80

b. 300 – 500 – 400 – 100 – 800 – 900

25 **Calcule le quadruple de ces nombres.**

1 000 – 5 000 – 2 000 – 7 000 – 4 000

26 **Calcule.**

a. 210 × 4 — 220 × 4

b. 320 × 4 — 510 × 4

c. 810 × 4 — 920 × 4

d. 1 200 × 4 — 2 100 × 4

e. 4 100 × 4 — 8 200 × 4

27 **Calcule le quadruple de ces nombres.**

15 – 25 – 215 – 125 – 115 – 225

28 **Complète.**

a. 25 est le quart de … .

b. 4 fois 15 font … .

c. 325 est le quart de … .

d. 4 fois 1 250 font … .

Calculer le quadruple d'autres nombres

29 **Calcule.**

a. 12 × 4 — 21 × 4

b. 22 × 4 — 31 × 4

c. 41 × 4 — 32 × 4

d. 121 × 4 — 222 × 4

30 **Calcule le quadruple de ces nombres.**

502 – 701 – 901 – 802 – 602 – 401 – 302

31 Quel est le prix de quatre ballons ?

Calculer mentalement des produits (2)

Multiplier par 10, 100, 1 000

1 Multiplie ces nombres par 10.

a. 2 – 8 – 6 – 9 – 13 – 17 – 35 – 78 – 31
b. 256 – 109 – 445 – 387 – 174 – 803
c. 60 – 140 – 620 – 380 – 30 – 100

2 Multiplie ces nombres par 10.

a. 1 056 – 9 554 – 2 511 – 2 001
b. 2 800 – 3 720 – 3 080 – 7 003

3 Combien de caramels compte-t-on dans 10 sachets ?

4 Multiplie ces nombres par 100.

5 – 7 – 1 – 8 – 16 – 19 – 62 – 44 – 97

5 Multiplie ces nombres par 100.

a. 327 – 406 – 932 – 717 – 809 – 374
b. 70 – 300 – 250 – 930 – 20 – 410

6 Multiplie ces nombres par 100.

a. 1 732 – 2 056 – 8 398 – 3 001
b. 1 042 – 1 840 – 7 600 – 9 100

7 Multiplie ces nombres par 1 000.

a. 4 – 9 – 2 – 1 – 5 – 16 – 17 – 38 – 83
b. 123 – 678 – 936 – 801 – 724 – 404
c. 60 – 10 – 400 – 270 – 390 – 850

8 Calcule.

a. 45 × 10	89 × 1 000
b. 30 × 100	60 × 10
c. 245 × 10	182 × 1 000
d. 70 × 100	300 × 1 000
e. 506 × 10	1 023 × 10

9 Complète.

a. 34 × … = 3 400	28 × … = 280
b. 9 × … = 900	5 023 × … = 50 230
c. 36 × … = 360	692 × … = 69 200
d. 230 × … = 2 300	10 × … = 1 000

10 Complète.

a. 758 × … = 758 000
b. 42 × … = 4 200
c. 270 × … = 2 700
d. 240 × … = 24 000
e. 4 000 × … = 40 000

11 Complète.

a. … × 10 = 70	… × 10 = 480
b. … × 100 = 900	… × 100 = 6 300
c. … × 100 = 500	… × 1 000 = 2 000
d. … × 10 = 800	… × 100 = 4 000
e. … × 10 = 7 500	… × 10 = 94 000

Multiplier par des multiples de 10

12 Multiplie ces nombres par 20.

a. 5 – 4 – 9 – 7 – 3 – 1 – 6 – 8 – 2
b. 14 – 32 – 41 – 24 – 13 – 22 – 31 – 43

13 Calcule.

a. 2 × 30	7 × 80	4 × 40
b. 8 × 50	7 × 90	5 × 70
c. 8 × 30	9 × 40	6 × 90

14 Calcule.

a. 7 × 200	9 × 600	4 × 700
b. 3 × 900	8 × 400	5 × 500
c. 6 × 800	7 × 300	8 × 900

15 Calcule.

a. 40 × 2	80 × 7	300 × 5
b. 90 × 4	60 × 6	500 × 9
c. 30 × 30	40 × 20	10 × 100

Entraînement individuel écrit pour préparer ou renforcer les exercices collectifs oraux proposés dans le guide du maître.

Multiplier par 5, 9, 11

16 Multiplie ces nombres par 5.

a. 24 – 62 – 48 – 80 – 66 – 44 – 28 – 82
b. 45 – 23 – 89 – 67 – 43 – 85 – 29 – 67
c. 300 – 800 – 700 – 6 000 – 4 000
d. 260 – 680 – 430 – 850 – 290 – 470

17 Multiplie ces nombres par 9.

a. 80 – 30 – 60 – 40 – 70 – 90 – 10 – 50
b. 200 – 600 – 400 – 5 000 – 9 000
c. 15 – 38 – 17 – 24 – 56 – 36 – 49 – 57

18 Multiplie ces nombres par 11.

a. 8 – 6 – 2 – 7 – 5 – 9 – 4 – 1 – 3
b. 18 – 62 – 40 – 36 – 27 – 82 – 53 – 90
c. 800 – 500 – 600 – 3 000 – 7 000
d. 630 – 810 – 260 – 170 – 540 – 430

19 Dans une école de danse, il y a 11 groupes de 5 danseuses. Combien de danseuses y a-t-il en tout ?

Connaître les relations de multiplication entre 5, 10, 25, 50 et 100

20 Calcule.

a. 5 × 2	50 × 2
b. 5 × 5	5 × 20
c. 25 × 4	25 × 2
d. 5 × 10	10 × 10

21 Complète.

a. 2 × … = 100	5 × … = 25
b. 4 × … = 100	2 × … = 10
c. 2 × … = 50	10 × … = 100
d. 10 × … = 50	20 × … = 100

22 Qui suis-je ?

a. Je suis le double du double de 25.
b. Je suis la moitié du quadruple de 25.
c. Je suis le nombre juste avant le double de 50.
d. Je suis le nombre juste après le double de 5.

23 Dans un car, combien faut-il de places au minimum pour y installer 5 groupes de 20 personnes ?

Connaître les relations de multiplication entre 15, 30 et 60

24 Complète.

a. 15 × 2 = …	**b.** 2 × … = 60
15 × 4 = …	2 × … = 30
30 × 2 = …	15 × … = 60

25 Qui suis-je ?

a. Je suis le double du double de 15.
b. Je suis la moitié du quadruple de 15.
c. Je suis le nombre juste après le double de 30.
d. Je suis le nombre juste avant le quadruple de 15.

Multiplier par 15, 25, 50

26 Multiplie ces nombres par 15.

3 – 5 – 2 – 6 – 1 – 4

27 Multiplie ces nombres par 25.

a. 4 – 2 – 3 – 6 – 5 – 1 – 7
b. 12 – 8 – 16 – 24 – 20
c. 17 – 14 – 13 – 9 – 11 – 10

28 Multiplie ces nombres par 50.

a. 2 – 4 – 8 – 14 – 18 – 6 – 12 – 16
b. 3 – 11 – 5 – 17 – 13 – 7 – 15 – 9

Calculer mentalement des quotients (1)

Connaître la moitié de nombres usuels

1 Calcule la moitié de ces nombres.

6 – 8 – 14 – 18 – 12 – 4 – 16 – 2 – 10

2 Complète.

a. 8 est le double de … .
b. 14 est le double de … .
c. … × 2 = 10
d. … × 2 = 20
e. 6 divisés par 2 font … .
f. 18 divisés par 2 font … .

Calculer la moitié de multiples de 10

3 Calcule la moitié de ces nombres.

a. 20 – 80 – 60 – 40 – 100
b. 140 – 180 – 160 – 120

4

Combien de billes Lorenzo a-t-il ?

5 Calcule la moitié de ces nombres.

a. 600 – 200 – 800 – 400 – 1 000
b. 1 200 – 1 800 – 1 600 – 2 000 – 1 400

6 Calcule la moitié de ces nombres.

a. 50 – 70 – 90 – 30 – 10
b. 700 – 500 – 300 – 900 – 100

7 Calcule la moitié de ces nombres.

a. 680 – 840 – 420 – 260 – 1 080
b. 230 – 450 – 890 – 670 – 210
c. 870 – 430 – 690 – 250 – 1 070

8 Calcule la moitié de ces nombres.

a. 2 000 – 8 000 – 6 000 – 4 000
b. 10 000 – 14 000 – 28 000 – 16 000
c. 7 000 – 9 000 – 3 000 – 1 000 – 5 000

9 Calcule.

a. 2 600 : 2	6 400 : 2
b. 18 200 : 2	24 800 : 2
c. 7 600 : 2	5 400 : 2
d. 9 300 : 2	3 500 : 2
e. 4 260 : 2	8 880 : 2

Calculer la moitié d'autres nombres

10 Calcule la moitié de ces nombres.

a. 24 – 68 – 82 – 46 – 22 – 84 – 62 – 48
b. 206 – 808 – 402 – 604 – 806 – 606
c. 226 – 844 – 626 – 482 – 624 – 864

11 Calcule la moitié de ces nombres.

2 004 – 8 006 – 4 024 – 6 048 – 8 208

12 Calcule la moitié de ces nombres.

a. 32 – 76 – 54 – 98 – 56 – 38 – 94 – 72
b. 104 – 308 – 706 – 504 – 902 – 106

Calculer le tiers de nombres usuels

13 Calcule le tiers de ces nombres.

9 – 6 – 3 – 12 – 18 – 27 – 15 – 21 – 30

14 Complète.

a. 21 est le triple de … .
b. 30 est le triple de … .
c. … × 3 = 15
d. … × 3 = 18
e. 12 divisés par 3 font … .
f. 9 divisés par 3 font … .

Entraînement individuel écrit pour préparer ou renforcer les exercices collectifs oraux proposés dans le guide du maître.

Calculer le tiers de multiples de 10

15 **Calcule le tiers de ces nombres.**

90 – 30 – 60 – 180 – 120 – 150 – 240

16 **Calcule le tiers de ces nombres.**

300 – 900 – 600 – 1 200 – 2 700 – 2 100

17 **Calcule le tiers de ces nombres.**

a. 630 – 390 – 960 – 660 – 930 – 360
b. 6 900 – 3 600 – 9 300 – 3 900 – 6 300

18 **Calcule le tiers de ces nombres.**

9 000 – 6 000 – 24 000 – 18 000

19 **Calcule.**

a. 36 000 : 3   69 000 : 3
b. 93 000 : 3   66 000 : 3
c. 99 000 : 3   39 000 : 3
d. 33 000 : 3   96 000 : 3

Calculer le tiers d'autres nombres

20 **Calcule le tiers de ces nombres.**

a. 75 – 45 – 150 – 675 – 345 – 945 – 375
b. 450 – 750 – 1 500 – 7 500 – 4 500

21 **Calcule le tiers de ces nombres.**

a. 33 – 69 – 96 – 93 – 36 – 66 – 99
b. 603 – 906 – 306 – 909 – 303 – 609
c. 999 – 333 – 666 – 993 – 669 – 366

22 **Calcule le tiers de ces nombres.**

3 003 – 9 006 – 6 009 – 9 999 – 3 099

23

Quelle somme Marc possède-t-il ?

Calculer le quart de nombres usuels

24 **Calcule le quart de ces nombres.**

8 – 4 – 12 – 16 – 32 – 24 – 36 – 28 – 20

25 **Complète.**

a. 36 est le quadruple de … .
b. 16 est le quadruple de … .
c. … × 4 = 28
d. … × 4 = 32
e. 40 divisés par 4 font … .
f. 8 divisés par 4 font … .

Calculer le quart de multiples de 10

26 **Calcule le quart de ces nombres.**

40 – 80 – 20 – 60 – 160 – 120 – 240

27 **Calcule le quart de ces nombres.**

a. 100 – 400 – 800 – 2 400 – 3 200 – 1 600
b. 440 – 840 – 480 – 8 800 – 4 800
c. 500 – 300 – 600 – 4 600 – 8 500 – 4 100

28 **Calcule le quart de ces nombres.**

a. 4 000 – 8 000 – 20 000 – 32 000
b. 5 000 – 3 000 – 6 000 – 1 000
c. 30 000 – 60 000 – 10 000 – 50 000

29 **Calcule.**

a. 80 000 : 4   44 000 : 4
b. 48 000 : 4   84 000 : 4
c. 88 800 : 4   44 400 : 4
d. 44 800 : 4   88 400 : 4

Calculer le quart d'autres nombres

30 **Calcule le quart de ces nombres.**

a. 44 – 84 – 88 – 48
b. 808 – 804 – 408 – 404
c. 444 – 888 – 884 – 448
d. 488 – 844 – 484 – 848

31 **Calcule le quart de ces nombres.**

4 004 – 8 004 – 8 008 – 4 444 – 4 088

Calculer mentalement des quotients (2)

Diviser par 5 dans les tables

1 **Divise ces nombres par 5.**

20 – 10 – 35 – 25 – 5 – 30 – 45 – 50

2 **a.** En 30, combien de fois 5 ?
b. En 15, combien de fois 5 ?
c. En 20, combien de fois 5 ?
d. En 40, combien de fois 5 ?
e. En 5, combien de fois 5 ?

3 **Complète.**

a. ... : 5 = 7 ... : 5 = 2
b. ... : 5 = 5 ... : 5 = 10
c. ... : 5 = 1 ... : 5 = 8
d. ... : 5 = 3 ... : 5 = 6
e. ... : 5 = 4 ... : 5 = 9

Diviser par 6, par 7 dans les tables

4 **Divise ces nombres par 6.**

12 – 24 – 36 – 18 – 6 – 30 – 48 – 54

5 **Divise ces nombres par 7.**

14 – 35 – 7 – 42 – 56 – 63 – 21 – 70

6 **a.** En 35, combien de fois 7 ?
b. En 42, combien de fois 6 ?
c. En 60, combien de fois 6 ?
d. En 21, combien de fois 7 ?
e. En 54, combien de fois 6 ?
f. En 7, combien de fois 7 ?

7 **Complète.**

a. ... : 7 = 4 ... : 6 = 6
b. ... : 7 = 8 ... : 7 = 2
c. ... : 7 = 7 ... : 6 = 3
d. ... : 6 = 1 ... : 7 = 9
e. ... : 6 = 4 ... : 7 = 6
f. ... : 6 = 8 ... : 7 = 10

8 **Complète avec 6 ou 7.**

a. 14 : ... = 2 24 : ... = 4
b. 12 : ... = 2 56 : ... = 8
c. 35 : ... = 5 54 : ... = 9
d. 42 : ... = 7 18 : ... = 3
e. 28 : ... = 4 63 : ... = 9

9 Combien de fraises aura chaque enfant ?

Diviser par 8, par 9 dans les tables

10 **Divise ces nombres par 8.**

8 – 32 – 48 – 24 – 64 – 40 – 16 – 72

11 **Divise ces nombres par 9.**

27 – 45 – 63 – 18 – 36 – 72 – 9 – 54

12 **a.** En 81, combien de fois 9 ?
b. En 32, combien de fois 8 ?
c. En 48, combien de fois 8 ?
d. En 27, combien de fois 9 ?
e. En 54, combien de fois 9 ?

13 **Complète.**

a. ... : 8 = 2 ... : 9 = 7
b. ... : 8 = 10 ... : 8 = 9
c. ... : 9 = 5 ... : 8 = 7
d. ... : 9 = 2 ... : 8 = 3

14 **Complète avec 8 ou 9.**

a. 24 : ... = 3 54 : ... = 6
b. 64 : ... = 8 56 : ... = 7
c. 36 : ... = 4 18 : ... = 2
d. 90 : ... = 10 16 : ... = 2

Entraînement individuel écrit pour préparer ou renforcer les exercices collectifs oraux proposés dans le guide du maître.

Diviser par 10, par 5

15 **Divise ces nombres par 10.**

a. 90 – 40 – 70 – 10 – 30 – 80 – 60 – 20
b. 300 – 700 – 500 – 200 – 400 – 600
c. 180 – 460 – 910 – 330 – 850 – 270

16 **Divise ces nombres par 10.**

a. 8 000 – 1 000 – 4 000 – 9 000 – 3 000
b. 2 600 – 6 500 – 5 900 – 7 200 – 8 100
c. 6 250 – 4 010 – 1 980 – 9 530 – 7 080

17 **Divise ces nombres par 5.**

a. 60 – 30 – 10 – 50 – 90 – 70 – 20 – 40
b. 200 – 100 – 400 – 600 – 800 – 700
c. 240 – 410 – 330 – 150 – 340 – 220

18 **Divise ces nombres par 5.**

a. 5 000 – 2 000 – 4 000 – 1 000 – 9 000
b. 3 200 – 4 100 – 1 300 – 2 400 – 1 100
c. 4 020 – 1 110 – 3 030 – 3 240 – 1 240

Connaître les relations entre 5, 10, 25, 50 et 100

19 **a.** En 50, combien de fois 5 ?
b. En 100, combien de fois 10 ?
c. En 25, combien de fois 5 ?
d. En 50, combien de fois 25 ?
e. En 100, combien de fois 5 ?
f. En 100, combien de fois 25 ?
g. En 100, combien de fois 50 ?

20 **Calcule.**

a.	10 : 2	100 : 4
b.	100 : 20	50 : 2
c.	100 : 2	50 : 10

21 **Complète.**

a.	100 : ... = 25	10 : ... = 5
b.	25 : ... = 5	100 : ... = 50
c.	50 : ... = 25	100 : ... = 20
d.	50 : ... = 10	100 : ... = 10

22 25 lutins se partagent le paquet de 100 papillotes. Combien de papillotes aura chaque lutin ?

Connaître les relations entre 15, 30 et 60

23 **a.** En 30, combien de fois 15 ?
b. En 60, combien de fois 30 ?
c. En 60, combien de fois 15 ?
d. En 60, combien de fois 2 ?
e. En 60, combien de fois 4 ?

24 **Calcule.**

a.	60 : 4	30 : 2
b.	60 : 2	60 : 15
c.	30 : 15	60 : 30

Diviser par 25, par 50

25 **Divise ces nombres par 25.**

a. 50 – 75 – 25 – 150 – 125 – 175
b. 300 – 100 – 400 – 200 – 500

26 **Complète.**

a.	... : 25 = 3	... : 25 = 2
b.	... : 25 = 4	... : 25 = 1
c.	... : 25 = 8	... : 25 = 12

27 **Divise ces nombres par 50.**

a. 200 – 600 – 400 – 500 – 300
b. 800 – 700 – 900 – 1 000

28 **Complète.**

a.	... : 50 = 4	... : 50 = 2
b.	... : 50 = 3	... : 50 = 6
c.	... : 50 = 1	... : 50 = 5

Réviser les nombres jusqu'à 999 (1)

Pour la fête de l'école, Pauline veut réaliser des colliers de perles. Celles-ci peuvent s'acheter par boîtes de 100, par sachets de 10 et à l'unité. Elle commande 6 boîtes, 8 sachets et 9 perles.

Cherchons

→ **Combien de perles Pauline a-t-elle commandées ?**

→ **Écris ce nombre en chiffres, puis en lettres.**

- Les nombres s'écrivent avec les chiffres 1, 2, 3, 4, 5, 6, 7, 8, 9 et 0.
- La **décomposition en centaines**, **dizaines** et **unités** peut s'écrire de différentes façons.

Ex. : 774

Centaines c	Dizaines d	Unités u
7	7	4

774 = 700 + 70 + 4

774 = (7 × 100) + (7 × 10) + 4

- En lettres, **774** s'écrit **sept-cent-soixante-quatorze** ; il faut bien penser à **mettre un tiret entre chaque mot-nombre.**

Les mots-nombres « vingt » et « cent » prennent un « s » au pluriel seulement quand ils sont placés en dernier.

Ex. : On écrit « quatre-vingts » mais « quatre-vingt-dix ».

On écrit « trois-cents » mais « trois-cent-quarante ».

Lire et écrire des nombres

1 * **Associe chaque nombre en lettres à son écriture en chiffres.**

a. neuf-cent-vingt-trois :

123 920 910 023

932 923 903

b. quatre-cent-cinquante :

405 452 450

150 45 400

c. six-cent-soixante-treize :

663 6 613 173

673 637 613

d. deux-cent-quatre-vingt-dix-huit :

248 348 20 098

218 290 298

2 * **Recopie chaque phrase en choisissant la bonne affirmation.**

a. En lettres, 463 s'écrit...

quatre-soixante-trois
quatre-cent-soixante-trois
quatre-cent-trente-six

b. En chiffres, cinq-cent-soixante-dix-huit s'écrit...

5 618 510 078 578

c. En chiffres, cinq-cent-sept s'écrit...

51 007 57 507

3 * **Écris ces nombres en chiffres.**

a. deux-cent-vingt-sept
b. cinq-cent-soixante-dix
c. six-cent-huit
d. sept-cent-quatre-vingt-dix-neuf

4 * **Écris ces nombres en lettres.**

869 – 480 – 92 – 700 – 970 – 207 – 191

5 ** **Écris tous les nombres que tu peux former avec ces étiquettes, puis réécris-les en lettres.**

5 8 4

Décomposer des nombres

6 * **Aide ce vendeur à compter chaque marchandise de son présentoir.**

7 * **Décompose chaque nombre comme dans l'exemple.**

Ex. : 238 = 200 + 30 + 8

519 498 605 340 670 283

8 * **Décompose chaque nombre comme dans l'exemple.**

Ex. : 238 = (2 × 100) + (3 × 10) + 8

688 186 205 802 736 410

9 * **Recompose chaque nombre comme dans l'exemple.**

Ex. : 200 + 30 + 8 = 238

a. 900 + 50 + 7
b. 100 + 20
c. 900 + 60 + 3
d. 600 + 70 + 7
e. 700 + 9
f. 300 + 60

10 * **Calcule cette somme d'argent.**

11 * **Recompose chaque nombre comme dans l'exemple.**

Ex. : (2 × 100) + (3 × 10) + 8 = 238

a. (9 × 100) + (9 × 10) + 9
b. (7 × 100) + 4
c. (6 × 100) + (9 × 10)
d. (1 × 100) + (2 × 10) + 8
e. (2 × 100) + 2
f. (8 × 100) + (1 × 10) + 2

12 ** **Associe chaque nombre à sa décomposition.**

530 •	• (8 × 100) + 6
806 •	• 300 + 20
987 •	• 6 dizaines et 1 unité
61 •	• (5 × 100) + (3 × 10)
907 •	• (9 × 100) + 7
320 •	• 200 + 70 + 9
279 •	• 9 centaines, 8 dizaines et 7 unités

Défi J'ai 6 dizaines, 3 centaines et une unité de moins que 370.
Qui suis-je ?

Réviser les nombres jusqu'à 999 (2)

Alice, Nicolas et Kenza jouent à un jeu de société. À la fin de la partie, ils comptent leur argent :

Alice	Nicolas	Kenza
4 billets de 100	4 billets de 100	4 billets de 100
3 billets de 10	3 billets de 10	9 pièces de 1
3 pièces de 1	8 pièces de 1	2 billets de 10

Cherchons

→ **Range ces sommes de la moins importante à la plus importante.**

→ **Qui a gagné ?**

- Pour **comparer des nombres entre 0 et 999**, on compare d'abord les **centaines**, puis si besoin les **dizaines** et enfin les **unités**.
  Ex. : 536 < 542   536 est **inférieur à** 542.
  598 > 592   598 est **supérieur à** 592.
- On peut **ranger les nombres** :
  – dans l'**ordre croissant** : 512 < 528 < 536 < 542
  – dans l'**ordre décroissant** : 542 > 536 > 528 > 512
- On peut les **encadrer** :
  – à la **dizaine près** : **50** < 58 < **60**
  – à la **centaine près** : **300** < 346 < **400**
- On peut aussi les placer sur une **droite numérique graduée** :

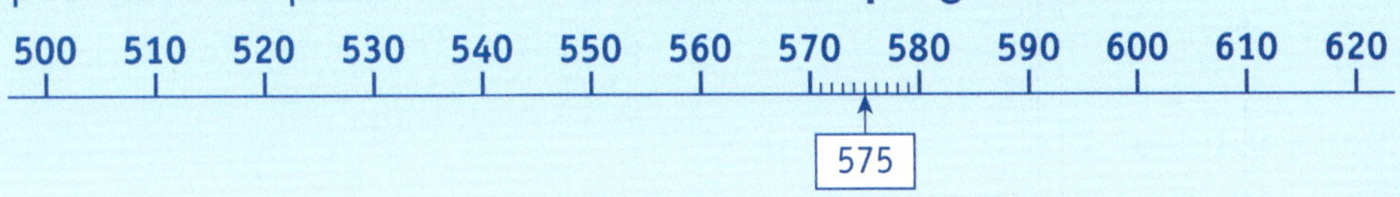

Comparer des nombres

1 * **Recopie le plus petit nombre de chaque série.**

a. 501 299 301 199
b. 436 438 432 435
c. 704 740 470 47
d. 59 509 905 95
e. 286 268 280 267
f. 393 395 391 401
g. 325 352 253 235

2 * **Parmi ces tours figure la plus haute tour du monde. Laquelle est-ce ?**

Empire State Building : 443 m
Tour Burj Khalifa : 828 m
Tour Ostankino : 540 m
Tour Eiffel : 324 m

C'est cette tour qui est la plus haute !

3 ** **Complète avec < ou >.**

a. 98 … 342 **c.** 369 … 367
b. 597 … 604 **d.** 748 … 728

4 ** **Complète avec <, > ou =.**

a. 800 + 95 … 800 + 59

b. 743 … 700 + 40 + 3

c. 201 … 200 + 10

d. 900 + 8 + 40 … 900 + 8 + 70

Ranger des nombres

5 * **Range dans l'ordre croissant.**

584 – 621 – 48 – 237 – 901 – 116 – 899

6 ** **Range dans l'ordre décroissant.**

780 – 42 – 112 – 800 – 943 – 122 – 788

7 ** Kevin veut classer ses livres en fonction de leur nombre de pages. Aide-le en les rangeant dans l'ordre décroissant.

8 *** **Range ces décompositions dans l'ordre croissant.**

200 + 50 + 6   500 + 8 + 20   200 + 40 + 6

20 + 500 + 6   200 + 60   50 + 20 + 6

Encadrer des nombres

9 * **Recopie seulement les nombres compris entre 350 et 420.**

332   351   405   423   409

430   379   472

10 * **Encadre ces nombres à la dizaine près.** *Ex. : **340** < 345 < **350***

18   72   336   874   701   698

11 * **Encadre ces nombres à la centaine près.** *Ex. : **300** < 366 < **400***

351   786   130   102   495   673

12 ** **Recopie les encadrements qui sont justes.**

a. 290 < (3 × 100) < 320

b. 253 < (3 × 100) + (5 × 10) + 4 < 353

c. 700 < (5 × 10) + 9 + (6 × 100) < 800

d. 652 < (6 × 100) + (6 × 10) < 662

Placer des nombres sur une droite numérique graduée

13 * **Écris le nombre qui correspond à chaque lettre.**

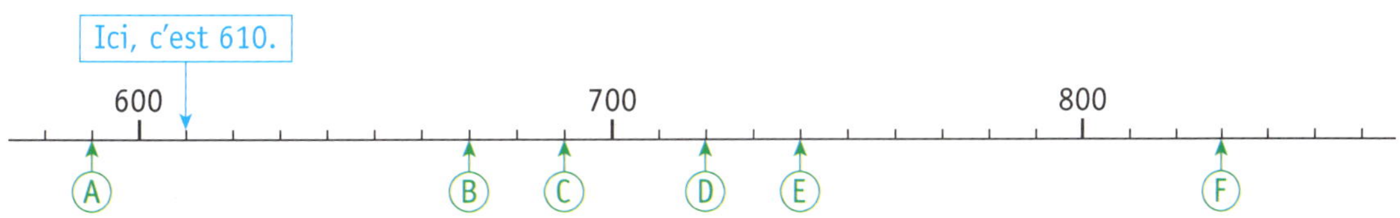

14 ** **Retrouve la place de chaque nombre sur la droite numérique graduée. (Écris le nombre et sa couleur.)** *Ex. : 100 → bleu*

750   500   84   432   280   611   598   810

Défi Je suis un nombre pair, compris entre 435 et 441, dont la somme des chiffres est égale à 8. **Qui suis-je ?**

Lire et écrire les nombres jusqu'à 9 999

Il y avait 999 singes dans le zoo. Le gardien est très content car un nouveau bébé vient de naître.

Cherchons

→ **Combien de singes y a-t-il maintenant dans le zoo ?**

→ **Combien y aura-t-il de singes après la naissance du prochain singe ? Des 10 prochains ? Des 100 prochains ?**

- Les nombres de **1 000** à **9 999** ont **4 chiffres**.

Classe des mille	Classe des unités		
unités de mille	centaines	dizaines	unités
8	7	3	4

- Pour **lire plus facilement les nombres**, on **ajoute un espace** entre la classe des unités et la classe des mille.
  Ex. : ~~8734~~ → 8 734
- 8 734 se lit « huit-mille-sept-cent-trente-quatre ».
  7 423 se lit « sept-mille-quatre-cent-vingt-trois ».
  On ajoute le mot **« mille »** à la fin de la classe des mille.
  Attention : On ne met jamais de « s » au mot « mille ».
  Ex. : Les travaux ont coûté cinq-mille-deux-cent-quarante-trois euros.
- Lorsqu'on écrit les nombres en lettres, on met un **trait d'union entre chaque mot-nombre**.

1 * **Associe chaque nombre en lettres à son écriture en chiffres.**

a. mille-cinq-cent-soixante-trois :

1 000 563 563 1 063 1 503 1 560 1 163 1 563

b. mille-deux :

2 102 1 002 1 202 2 001 1 200 10 200 1 102

c. sept-mille-cent :

7 001 70 100 7 100 1 700 1 701 700 100 1 107

d. deux-mille-vingt-quatre :

22 424 4 224 2 424 2 402 2 024 2 400 2 204

2 * **Associe chaque nombre en chiffres à son écriture en lettres.**

a. 7 613 : sept-mille-soixante-treize
sept-mille-six-cents-treize
sept-mille-six-cent-treize

b. 2 800 : deux-mille-huit-cents
deux-milles-huit-cents
deux-mille-huit-cent

c. 4 009 : quatre-cent-neuf
quatre-mille-neuf
quatre-mille-neuf-cents

3 * **Écris ces nombres en chiffres.**

N'oublie pas l'espace entre les classes.

a. neuf-mille-deux-cent-cinquante-trois
b. quatre-mille-six-cent-vingt
c. sept-mille-trois-cent-vingt-six
d. trois-mille-huit-cent-soixante-quatorze

4 * **Écris ces nombres en lettres.**

a. 7 218
b. 2 999
c. 8 724
d. 2 398
e. 3 705
f. 1 635

5 * **Écris en chiffres l'altitude de ces volcans.**

Nom du volcan	Altitude (en mètres)
Etna	trois-mille-trois-cent-trente
Vésuve	mille-deux-cent-vingt-et-un
Santa Maria	trois-mille-sept-cent-soixante-douze
Galeras	quatre-mille-deux-cent-soixante-seize
Anaconga	six-mille-neuf-cent-cinquante
Misti	cinq-mille-huit-cent-quarante-deux

6 ** **Écris ces nombres en chiffres.**

a. sept-mille
b. mille-quarante-trois
c. trois-mille-soixante-sept
d. six-mille-huit
e. deux-mille-cinq-cent-trois

7 ** **Pour chaque série, écris un nombre en utilisant toutes les étiquettes.**

Écris « vingt » et « cent » au pluriel quand c'est nécessaire.

a. huit six mille vingt cent quatre
b. mille cinq trois
c. neuf deux un cent mille
d. cent mille sept

8 ** **Avec ces quatre étiquettes, forme le plus grand nombre possible, puis le plus petit. Écris ces nombres en chiffres et en lettres.**

7 1 8 5

9 ** **Complète cette grille en écrivant les nombres en chiffres.**

Horizontalement

ⓐ cinq-mille-six-cent-quatre-vingt-trois
ⓑ mille-huit-cent-trente-cinq
ⓒ quatre-mille-sept-cent-un
ⓓ deux-mille-trois

Verticalement

Ⓐ cinq-mille-cent-quarante-deux
Ⓑ six-mille-huit-cent-soixante-dix
Ⓒ huit-mille-trois-cents
Ⓓ trois-mille-cinq-cent-treize

	Ⓐ	Ⓑ	Ⓒ	Ⓓ
ⓐ		6		
ⓑ	1			
ⓒ				1
ⓓ		0		

Défi **Trouve un nombre à quatre chiffres qui contient le plus de mots-nombres différents. Écris-le en lettres, puis en chiffres.**

Nombres

Décomposer les nombres jusqu'à 9 999

Ce matin, le gardien du zoo a reçu la nourriture pour les animaux.
Elle est rangée dans :
– 4 caisses de 1 000 boîtes ;
– 6 cartons de 100 boîtes ;
– 3 sacs de 10 boîtes.

Cherchons

→ **Combien de boîtes le gardien du zoo a-t-il reçues ?**

→ **Dans ce nombre, quel est le chiffre des unités de mille ? des centaines ? des dizaines ? des unités ?**

→ **Le gardien doit ranger les boîtes sur des étagères pouvant supporter chacune 100 boîtes. Combien aura-t-il d'étagères pleines ?**

La **décomposition des nombres de 1 000 à 9 999** peut s'écrire de différentes façons.

Classe des mille	Classe des unités		
unités de mille	centaines	dizaines	unités
9	6	4	5

9 645 = 9 000 + 600 + 40 + 5
9 645 = (9 × 1 000) + (6 × 100) + (4 × 10) + 5

Il faut bien distinguer **chiffre** et **nombre**.
Dans 9 645, le **chiffre des centaines** est **6**, mais le **nombre de centaines** est **96**.
Dans 9 645, le **chiffre des dizaines** est **4**, mais le **nombre de dizaines** est **964**.
Dans 9 645, le **chiffre des unités** est **5**, mais le **nombre d'unités** est **9 645**.

1 * **Décompose chaque nombre comme dans l'exemple.**

Ex. : 4 238 = 4 000 + 200 + 30 + 8

2 345   8 879   9 599   1 523   8 731   1 592   7 869

2 * **Décompose chaque nombre comme dans l'exemple.**

Ex. : 4 238 = (4 × 1 000) + (2 × 100) + (3 × 10) + 8

5 742   6 334   2 198   1 711   8 884   7 654   3 626

3 * **Recompose chaque nombre comme dans l'exemple.**

Ex. : 2 000 + 400 + 30 + 8 = 2 438

a. 4 000 + 200 + 20 + 3
b. 6 000 + 300 + 50 + 5
c. 3 000 + 10
d. 5 000 + 2
e. 7 000 + 30 + 8
f. 2 000 + 90
g. 8 000 + 200
h. 9 000 + 800 + 6
i. 1 000 + 1

4 * **Recompose chaque nombre comme dans l'exemple.**

Ex. : (2 × 1 000) + (3 × 100) + 8 = 2 308

a. (6 × 1 000) + (2 × 100) + (3 × 10) + 4
b. (3 × 1 000) + (1 × 100) + (8 × 10) + 9
c. (5 × 1 000) + (7 × 100) + (2 × 10) + 8
d. (6 × 1 000) + (5 × 10) + 1
e. (1 × 1 000) + (2 × 100) + 6
f. (4 × 1 000) + (3 × 10) + 9
g. (7 × 1 000) + (2 × 100) + (3 × 10) + 4

5 ** **Décompose chaque nombre comme dans l'exemple.**

Ex. : 4 038 = 4 000 + 30 + 8

5 930   7 306   8 005   4 240
6 069   9 001   2 038

6 ** **Décompose chaque nombre comme dans l'exemple.**

Ex. : 4 038 = (4 × 1 000) + (3 × 10) + 8

8 506   2 015   7 302   5 010
1 809   2 940   4 008

7 ** **Complète cette grille de nombres.**

Verticalement

(a) (1 × 100) + (4 × 10) + 2
(b) (5 × 100) + (3 × 10) + 4
(c) (1 × 1 000) + 1
(d) (2 × 1 000) + (6 × 100) + (1 × 10) + 4

Horizontalement

(A) (5 × 1 000) + (1 × 100) + (2 × 10)
(B) (1 × 1 000) + (3 × 100) + 6
(C) (4 × 1 000) + (4 × 100) + 1
(D) (1 × 100) + (4 × 10) + 1

	a	b	c	d	e
A	■				
B					■
C					■
D		■			

8 ** **Pour chaque nombre, indique le nombre de dizaines.**

3 529   7 680   5 067   2 009

9 ** **Pour chaque nombre, indique le nombre de centaines.**

1 427   2 683   7 041   952

10 ** M. Guyot achète une voiture d'occasion qui coûte 1 200 €. Il la paie en billets de 100 €. Combien de billets donne-t-il au vendeur ?

11 ** Jamie la terreur et Black Sammy ont découvert sur l'île des promesses un trésor de 2 700 pièces d'or. Pour rapporter leur butin sur leur bateau, combien de sacs de 100 pièces doivent-ils prévoir ?

12 *** Si l'on voulait représenter les intestins d'un être humain avec des bandes de papier, il faudrait utiliser environ 70 bandes de 10 cm. Combien de centimètres les intestins d'un être humain mesurent-ils en tout ?

Défi Valentin le bûcheron a coupé 2 345 bûches ! Il veut les stocker dans des cagettes de 10, des palettes de 100 et des remorques de 1 000 bûches.
Sachant qu'il veut avoir moins de 10 bûches non rangées, trouve au moins deux façons de ranger les bûches de Valentin.

Nombres

Comparer, ranger et encadrer les nombres jusqu'à 9 999

Cherchons

Samir, Noah et Clara tirent à l'arc. Chacun a huit flèches.
Voici leur cible après les tirs :

→ **Quel est le score de chaque enfant ?**

→ **Range les scores du plus grand au plus petit.**

- Pour **comparer des nombres entre 1 000 et 9 999**, on compare les **unités de mille**, puis si besoin les **centaines**, les **dizaines** et enfin les **unités**.
  Ex. : 2 083 < 3 410 — 2 083 est **inférieur à** 3 410.
  4 882 > 3 072 — 4 882 est **supérieur à** 3 072.
- On peut **ranger les nombres** :
  – dans l'**ordre croissant** : 1 105 < 2 083 < 3 410 < 5 807
  – dans l'**ordre décroissant** : 5 807 > 3 410 > 2 083 > 1 105
- On peut les **encadrer** : **2 000** < 2 083 < **3 000**.
- On peut aussi les placer sur une **droite numérique graduée** :

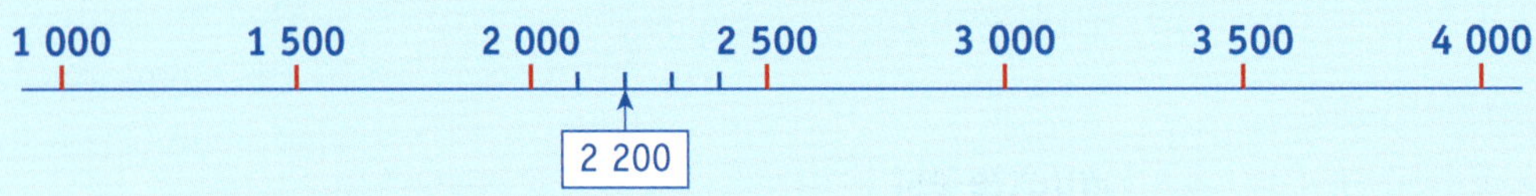

Comparer et ranger des nombres

1 * **Recopie le plus grand nombre de chaque série.**

a. 8 425 – 5 604 – 7 124 – 9 901 – 1 275
b. 3 281 – 3 278 – 3 211 – 3 287 – 3 271
c. 7 010 – 6 999 – 6 099 – 7 001 – 6 900
d. 1 500 – 1 203 – 1 230 – 1 320 – 1 023
e. 6 040 – 6 004 – 6 400 – 6 044 – 6 404

2 * **Complète avec < ou >.**

Rappelle-toi : la grande ouverture du signe est du côté du grand nombre.

a. 7 412 … 8 541
3 427 … 1 289
9 804 … 9 408
2 003 … 3 002

b. 5 127 … 5 147
6 089 … 6 809
4 865 … 4 856
9 888 … 8 999

3 * **Range ces nombres dans l'ordre croissant.**

a. 4 025 – 125 – 78 – 92 – 3 642 – 859

b. 5 899 – 3 400 – 6 034 – 9 999 – 6 009

4 ** **Range ces nombres dans l'ordre décroissant.**

3 098 — 3 056 — 3 105 — 3 200 — 3 408 — 3 048

5 *** **Recompose ces nombres et range-les dans l'ordre croissant.**

A = 7 000 + 500 + 2

B = 50 + 7 000 + 2

C = 7 000 + 500 + 30 + 2

D = 7 000 + 2 + 500 + 40

E = 7 000 + 300 + 50 + 2

F = 7 000 + 600

Encadrer des nombres

6 * **Recopie seulement les nombres compris entre 7 820 et 7 920.**

7 862 — 7 884 — 7 951 — 7 816 — 7 916 — 6 860 — 7 990 — 7 890

7 ** **Encadre ces nombres à la centaine près.**

Ex. : 2 ***500*** *< 2 550 < 2* ***600***

a. 3 210 – 6 759 – 5 128 – 7 106 – 9 599

b. 8 870 – 1 044 – 3 028 – 5 101 – 4 647

8 ** **Encadre ces nombres à l'unité de mille près.**

Ex. : ***4 000*** *< 4 883 <* ***5 000***

a. 1 231 – 5 550 – 3 105 – 4 232 – 8 187

b. 6 700 – 7 052 – 2 354 – 4 012 – 925

Placer des nombres sur une droite numérique graduée

9 * **Place ces dates d'invention sur la droite numérique graduée, puis indique quelle invention est la plus ancienne.**

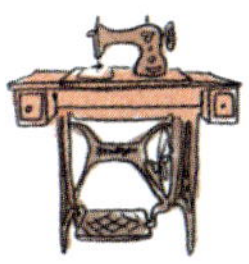

Machine à coudre
1 830

Automobile
1 770

Télévision en couleurs
1 950

Balance de Roberval
1 670

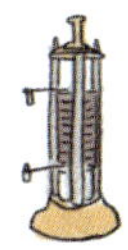

Pile électrique
1 800

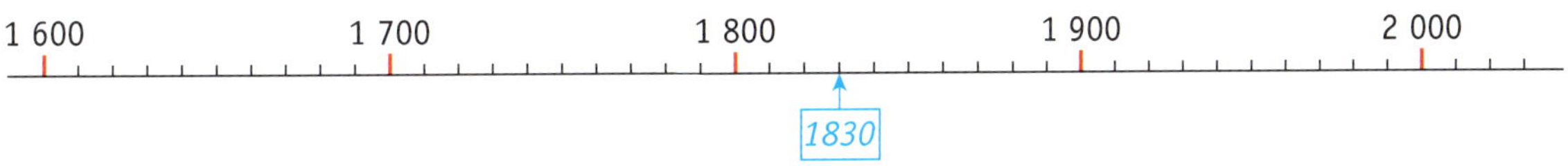

10 * **Indique si chaque étiquette est bien placée ou mal placée.**

Ex. : 1 100 est bien placé.

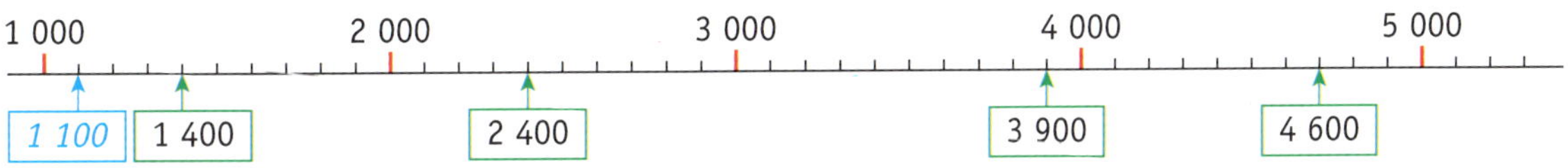

Défi Paul a perdu le code de son cadenas de vélo. Aide-le à le retrouver en te servant de ces indices :

- *C'est un nombre à 4 chiffres.*
- *Il est compris entre 4 560 et 4 600.*
- *Il se termine par 5.*
- *Le chiffre de ses dizaines est 9.*

Révisions

Lire, écrire et décomposer des nombres

1 * Des habitants doivent élire leur maire. On a noté le nombre de participants dans chaque bureau de vote :

Bureau A : 891	Bureau D : 2 404
Bureau B : 1 960	Bureau E : 2 469
Bureau C : 482	Bureau F : 704

a. Écris ces nombres en lettres.
b. Décompose-les comme dans l'exemple.
Ex. : 867 = (8 × 100) + (6 × 10) + 7

2 * **Écris ces nombres en chiffres.**

a. cent-trois
b. deux-cent-soixante-quatorze
c. mille-huit-cent-quatre-vingt-quinze
d. quatre-mille-vingt-six

3 * **Associe chaque nombre avec la décomposition qui convient.**

a. deux-mille-trois-cent-dix-sept :
(2 × 1 000) + (3 × 10) + 7
(2 × 1 000) + (3 × 100) + (1 × 10) + 7
(2 × 1 000) + (3 × 100) + (7 × 10)

b. quatre-mille-cinq-cent-vingt-et-un :
(4 × 1 000) + (5 × 100) + (2 × 10) + 1
(4 × 1 000) + (5 × 100) + 1
(4 × 1 000) + (2 × 10) + 1

c. huit-mille-trois-cent-onze :
(8 × 1 000) + (3 × 100) + 1
(8 × 1 000) + (3 × 100) + (1 × 10) + 1
(8 × 1 000) + (3 × 10) + 1

4 * Julia a décomposé ces nombres, mais elle s'est parfois trompée :

a. 2 521 = (2 × 1 000) + (5 × 100) + (2 × 10) + 1
b. 1 205 = 1 000 + 20 + 5
c. 3 085 = (3 × 1 000) + 5 + (8 × 10)
d. 3 700 = (3 × 1 000) + (7 × 1 000)

Retrouve ses erreurs et corrige-les.

5 ** **Pour chaque série, utilise toutes les étiquettes pour écrire un nombre en lettres, puis en chiffres.**

a. cent deux mille
b. dix quatre neuf cent mille

6 ** **Recopie ces nombres. Souligne leur chiffre des dizaines et entoure leur nombre de dizaines.**

a. 234 – 456 – 156 – 789 – 812
b. 4 580 – 2 345 – 7 809 – 3 428
c. 3 008 – 5 670 – 9 807 – 6 030

7 ** **Recopie ces nombres. Souligne leur chiffre des centaines et entoure leur nombre de centaines.**

a. 1 430 – 2 456 – 3 782 – 4 695
b. 4 099 – 107 – 7 005 – 6 000

Comparer et ranger des nombres

8 * **Range dans l'ordre croissant.**

3 763 1 101 339 1 099
2 432 3 765 529 2 411

9 * **Complète avec < ou >.**

a. 8 654 … 8 645
b. 8 604 … 8 640
c. 2 541 … 2 451
d. 2 514 … 2 154

10 * * **Complète avec <, > ou =.**

a. 300 + 20 + 1 … 300 + 21

b. 2 000 + 400 + 1 … 2 000 + 40 + 1

c. 4 000 + 400 + 4 … 4 400 + 44

d. 5 000 + 500 + 50 + 5 … 5 000 + 50 + 505

11 * * **Range ces nombres dans l'ordre décroissant.**

a. 2 101 – 2 103 – 2 130 – 2 110 – 2 132

b. 4 802 – 4 823 – 4 832 – 4 830 – 4 803

12 * * **Complète avec < ou >.**

a. (1 × 100) + 4 … (1 × 100) + (4 × 10)

b. (3 × 100) + (6 × 10) + 3 … (3 × 100) + 6

c. (9 × 1 000) + (7 × 100) + 5 … (9 × 1 000) + (5 × 100) + (7 × 10) + 5

Encadrer des nombres

13 * **Encadre ces nombres à la centaine près.**

a. 899 – 567 – 148 – 346

b. 945 – 1 763 – 6 904 – 8 182

14 * **Encadre ces nombres à l'unité de mille près.**

a. 3 450 – 6 500 – 2 005 – 8 990

b. 5 678 – 4 100 – 7 580 – 2 330

15 * Voici les profondeurs maximales atteintes par l'homme dans les océans.

- Océan Antarctique : 7 230 m
- Océan Atlantique : 9 200 m
- Océan glacial Arctique : 4 000 m
- Océan Indien : 7 450 m

a. Range-les de la moins profonde à la plus profonde.

b. Quelle profondeur places-tu entre 1 000 et 5 000 ?

c. Quelles profondeurs places-tu entre 5 000 et 9 999 ?

Placer des nombres sur une droite numérique graduée

16 * **Indique si chaque étiquette est bien placée ou mal placée.**

Ex. : 1 000 est bien placé.

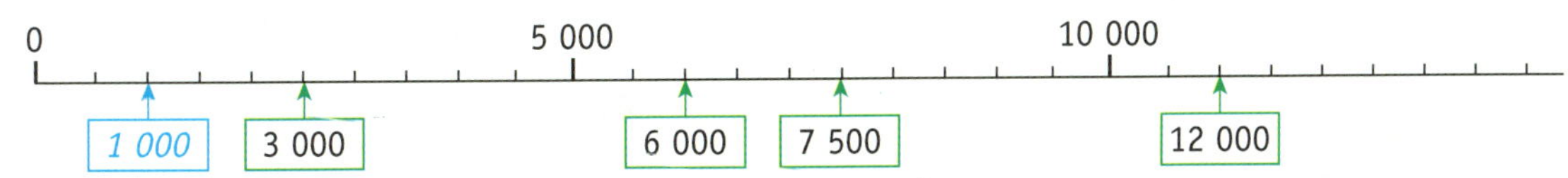

17 * * Lis la date de naissance de ces écrivains français.

- Victor Hugo : 1 802
- Jean de La Fontaine : 1 621
- Alphonse Daudet : 1 840
- Marcel Aymé : 1 902

Retrouve la place de chaque date sur la droite numérique graduée. (Écris le nombre et sa couleur.)

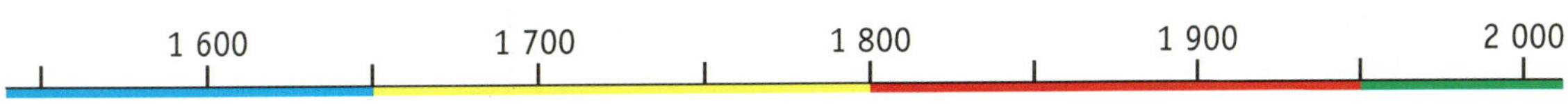

Lire et écrire les nombres jusqu'à 99 999

Chaque minute, quatre litres d'air sont traités par les poumons d'une personne ; cela représente quarante-mille-trois-cent-vingt litres d'air traités par semaine. Chaque minute, environ 5 litres de sang passent aussi par les poumons ; cela représente 50 400 litres de sang par semaine.

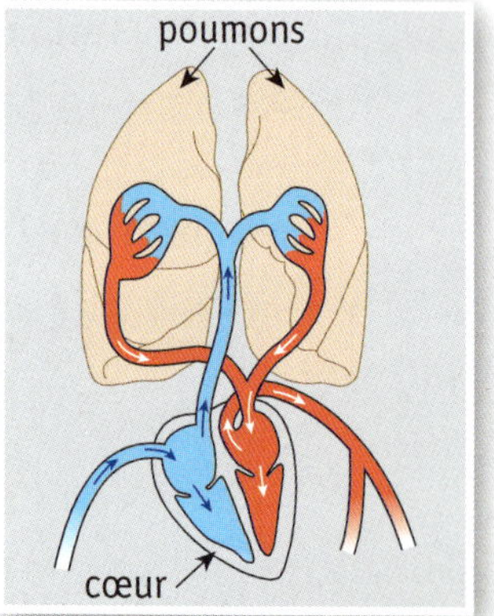

La circulation du sang dans le cœur et les poumons.

Cherchons

→ **Écris en chiffres le nombre de litres d'air traités par les poumons en une semaine.**

→ **Écris en lettres le nombre de litres de sang qui passent par les poumons en une semaine.**

- Les nombres de **10 000** à **99 999** ont **5 chiffres**.

Classe des mille		Classe des unités		
dizaines de mille	unités de mille	centaines	dizaines	unités
2	6	3	4	2

- Pour **lire plus facilement les nombres** en chiffres, on ajoute un espace entre la classe des unités et la classe des mille.
  Ex. : ~~26342~~ → 26 342
- 26 342 se lit « vingt-six-mille-trois-cent-quarante-deux ».
  Rappelle-toi : on ajoute le mot « **mille** » à la fin de la classe des mille.
  « Mille » ne prend jamais de « s ».

1 * **Associe chaque nombre en lettres à son écriture en chiffres.**

a. trente-trois-mille-cinq-cent-soixante-huit :
33 000 568 — 33 568 — 3 568

b. cinquante-deux-mille-vingt-cinq :
52 000 025 — 5 225 — 52 025

c. douze-mille-trois :
12 300 — 123 — 12 003

d. soixante-dix-mille-quarante :
70 400 — 700 040 — 70 040

2 * **Écris ces nombres en chiffres.**

N'oublie pas l'espace entre les classes.

a. quatre-vingt-trois-mille-deux-cent-trente-six
b. trente-mille-cent-cinquante-cinq
c. soixante-deux-mille-cinq-cent-cinq
d. quatre-vingt-onze-mille-six-cents
e. douze-mille-cent-quarante-neuf
f. cinquante-deux-mille-trois-cents

3 * **Écris ces nombres en lettres.**

78 000   51 789   24 270   94 304   46 302   30 530

4 * **Associie chaque nombre en chiffres à son écriture en lettres.**

47 603 •	• quarante-sept-mille-soixante-trois
43 003 •	• quarante-sept-mille-six-cent-trente
47 630 •	• quarante-trois-mille-trente
43 030 •	• quarante-sept-mille-six-cent-trois
47 063 •	• quarante-trois-mille-trois

5 ** **Écris en lettres le nombre qui suit.**

33 148   45 192   84 899   12 039   56 099   87 056   64 999

6 ** **Lis les réponses de Rayan aux deux exercices. Corrige celles qui sont fausses.**

Exercice 1 : Écris ces nombres en lettres.

a. 56 938 : *cinquante six mille neuf cent trente huit*
b. 72 462 : *soixante-douze-mille-quatre-cent-soixante-deux*
c. 82 030 : *quatre-vingt-deux-milles-trois*
d. 74 671 : *soixante-quatorze-mille-six-cent-soixante-et-un*
e. 63 240 : *soixante-trois-mille-deux-cent-quarante*

Exercice 2 : Écris ces nombres en chiffres.

a. soixante-mille-quatre : *604*
b. cinquante-deux-mille-soixante-et-un : *52 061*
c. quatre-vingt-un-mille : *81 000*
d. dix-mille-vingt : *10 200*
e. trente-deux-mille-trente : *32 032*

7 ** **Écris en lettres, puis en chiffres, tous les nombres que tu peux former avec les étiquettes** mille**,** huit **et** quarante**.**

8 **

Les 8 premières années d'une vie d'humain, c'est :
– soixante dix mille cent vingt huit heures de vie ;
– vingt-neuf-milles-deux-cent-vingt heures de sommeil ;
– <u>11 688</u> repas (goûter compris) ;
– <u>12 500</u> fruits et légumes consommés ;
– <u>20 260</u> minutes de brossage de dents.

a. Une erreur s'est glissée dans chaque nombre écrit en lettres. Retrouve-les et corrige-les.
b. Écris en lettres les trois nombres soulignés.

Défi **Trouve le plus grand nombre compris entre 10 000 et 99 999 qui s'écrit avec des mots-nombres tous différents.**

Décomposer les nombres jusqu'à 99 999

Romain part en vacances au Japon. Il a échangé ses euros avec la monnaie locale : le yen. Voici le contenu de son porte-monnaie :

Cherchons

→ **Combien de yens a-t-il en tout ?**

→ **Indique, pour ce nombre, le chiffre des unités de mille et le nombre d'unités de mille.**

→ **Si Romain avait la même somme en pièces de 10 yens et en pièces de 1 yen, que contiendrait son porte-monnaie ?**

→ **Une fois arrivé au Japon, il souhaite acheter un livre de photos qui coûte 24 120 yens. Quelle monnaie va-t-il donner pour réunir la somme exacte ?**

- La **décomposition des nombres de 10 000 à 99 999** peut s'écrire de différentes façons.
  Ex. : 36 874 = 30 000 + 6 000 + 800 + 70 + 4
  36 874 = (3 × 10 000) + (6 × 1 000) + (8 × 100) + (7 × 10) + 4
- **Rappelle-toi :** il faut bien distinguer **chiffre** et **nombre**.
  Dans 36 874, le **chiffre des unités de mille** est **6,** mais le **nombre d'unités de mille** est **36**.
  Dans 36 874, le **chiffre des dizaines** est **7**, mais le **nombre de dizaines** est **3 687**.

1 * **Décompose chaque nombre comme dans l'exemple.**

Ex. : 15 743 = 10 000 + 5 000 + 700 + 40 + 3

56 548 92 857 47 923 79 623 11 189 24 998 67 412 12 782

2 * **Décompose chaque nombre comme dans l'exemple.**

Ex. : 15 743 = (1 × 10 000) + (5 × 1 000) + (7 × 100) + (4 × 10) + 3

48 631 87 141 71 286 92 117 37 244 53 620 48 294 31 752

3 ** **Décompose chaque nombre comme dans l'exemple.**

Ex. : 15 003 = 10 000 + 5 000 + 3

84 560 90 123 47 005 79 600 30 080 20 091 10 008 50 900

4 ** **Décompose chaque nombre comme dans l'exemple.**

Ex. : 15 003 = (1 × 10 000) + (5 × 1 000) + 3

29 680 | 40 308 | 71 000 | 92 007 | 37 120 | 50 019 | 60 400 | 30 070

5 ** **Recompose chaque nombre comme dans l'exemple.**

Ex. : 10 000 + 5 000 + 700 + 40 + 3 = 15 743

a. 10 000 + 5 000 + 700 + 30
b. 60 000 + 3 000 + 80 + 4
c. 4 000 + 70 000 + 900
d. 80 000 + 6 + 10 + 200
e. 4 + 50 000
f. 2 000 + 20 000 + 70 + 7 + 500

6 ** **Recompose chaque nombre comme dans l'exemple.**

Ex. : (1 × 10 000) + (5 × 1 000) + (7 × 100) + (4 × 10) + 3 = 15 743

a. (4 × 10 000) + (5 × 1 000) + (9 × 100)
b. (9 × 10 000) + (1 × 100) + (9 × 10)
c. (1 × 10 000) + (7 × 1 000) + (5 × 10) + (1 × 100) + 6
d. (5 × 10 000) + (9 × 1 000) + (7 × 100) + 6
e. (6 × 10) + (3 × 100) + (2 × 1 000) + (8 × 10 000)
f. (8 × 10) + (6 × 10 000) + (2 × 100) + 7

7 ** En repartant du Japon, il reste à Romain 3 pièces de 1 yen, 1 pièce de 10 yens et 23 billets de 1 000 yens. Combien de yens lui reste-t-il ?

8 ** Le libraire de la rue Lebiot doit déménager ses 43 516 livres. S'il utilise des cartons pouvant contenir chacun 100 livres, combien de cartons le libraire pourra-t-il remplir complètement ? Combien de livres lui restera-t-il à emporter dans un sac ?

9 ** **Complète la grille en recomposant chaque nombre.**

Ⓐ (3 × 10 000) + 3 + (8 × 100)
Ⓑ 6 + (8 × 10) + (1 × 10 000)
Ⓒ (7 × 10 000) + (1 × 1 000) + 8
Ⓓ (9 × 10 000) + (5 × 10) + 3
Ⓔ (6 × 10 000) + (3 × 1 000) + (2 × 10)

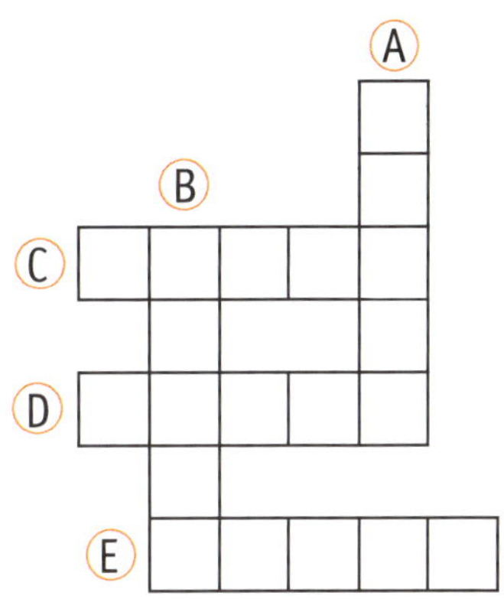

Défi Cherche tous les nombres inférieurs à 80 000 :
– qui ont 73 unités de mille ;
– dont le chiffre des dizaines est toujours la moitié de 6 ;
– dont le chiffre des unités est inférieur à 3.

Comparer, ranger et encadrer les nombres jusqu'à 99 999

Certains animaux sont en voie de disparition.
Voici le nombre restant de trois espèces :

L'albatros des Galapagos
35 000

L'éléphant d'Asie
46 900

Le lion de mer australien
13 790

Cherchons

→ **Quelle espèce compte la plus petite population d'animaux ?**

→ **Encadre ces nombres à la dizaine de mille près.**

→ **Noé dit qu'il y a plus de 45 000 éléphants d'Asie. Auriane pense qu'il reste moins de 13 000 lions de mer. Émeric affirme qu'il y a plus de 30 000 albatros. Qui se trompe ?**

- Pour **comparer des nombres entre 10 000 et 99 999**, on compare les **dizaines de mille**, puis si besoin les **unités de mille**, les **centaines**, les **dizaines** et les **unités**.
- **Rappelle-toi :**
  On peut **comparer** deux nombres : 42 913 > 42 613.
  On peut **ranger** des nombres : 50 489 < 53 489 < 56 489 < 58 489.
  On peut les **encadrer** : 40 000 < 42 613 < 50 000.
  On peut aussi les placer sur une **droite numérique graduée** :

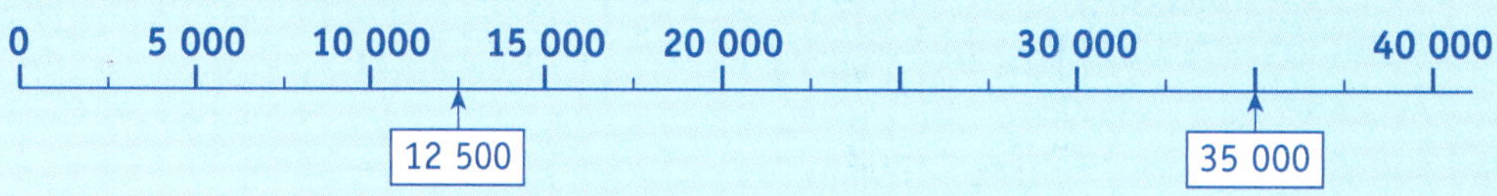

Comparer et ranger des nombres

1 * **Complète avec < ou >.**

a. 48 000 … 45 000
b. 62 453 … 62 463
c. 98 937 … 98 737
d. 74 823 … 74 832
e. 13 201 … 13 099
f. 75 639 … 74 936

2 * **Range dans l'ordre croissant.**

a. 14 576 – 65 143 – 31 224 – 28 293
b. 32 740 – 32 047 – 32 470 – 32 074

3 * **Range dans l'ordre décroissant.**

a. 85 647 – 76 593 – 57 423 – 84 600
b. 94 025 – 95 204 – 95 024 – 95 402

4 ** **Range ces décompositions dans l'ordre croissant.**

A = 60 000 + 8 000 + 500 + 4
B = 60 000 + 8 000 + 50 + 4
C = 60 000 + 8 000 + 500 + 40
D = 60 000 + 8 000 + 400 + 50

5 ** **Complète avec <, > ou =.**

a. 52 320 … 50 000 + 1 000 + 300 + 20
b. 80 000 + 2 000 + 40 + 3 … 82 403
c. 48 101 … 900 + 90 + 9 + 8 000 + 30 000
d. 90 000 + 400 + 8 + 50 … 90 458
e. 25 299 … 20 000 + 5 000 + 200 + 90 + 6

6 ** Voici le nombre de places de quelques stades de football en France :

Auxerre : 23 467	Marseille : 60 031
Lens : 41 333	Saint-Denis : 81 338
Lyon : 41 842	Sedan : 23 189

Range ces nombres de places dans l'ordre décroissant.

Encadrer des nombres

7 * **Encadre ces nombres à l'unité de mille près.**

*Ex. : **84 000** < 84 005 < **85 000***

28 451	96 249	73 004
59 002	10 834	98 999

8 * **Encadre ces nombres à la dizaine de mille près.**

*Ex. : **80 000** < 84 005 < **90 000***

32 461	74 682	49 999
20 001	35 000	12 345

9 ** **Encadre ces décompositions à la dizaine de mille près.**

*Ex. : **80 000** < 80 000 + 4 000 + 5 < **90 000***

a. 60 000 + 600 + 7
b. 20 + 5 + 700 + 30 000 + 8 000
c. (5 × 100) + (4 × 10) + (56 × 1 000)
d. (241 × 100) + (8 × 10) + 2
e. 8 756 dizaines et 9 unités

Placer des nombres sur une droite numérique graduée

10 * **Écris le nombre qui correspond à chaque lettre.** *Ex. : B → 40 000*

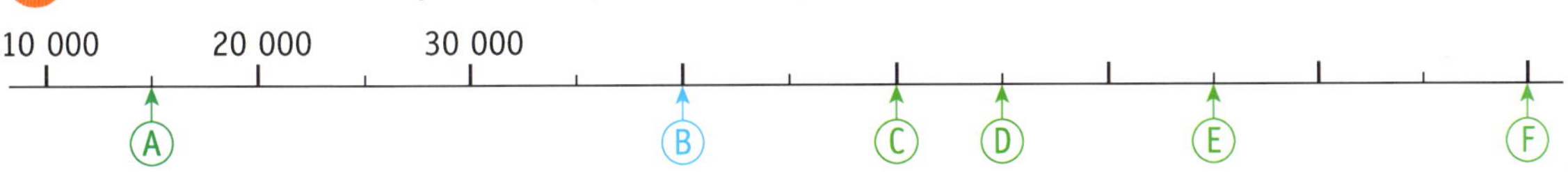

11 ** **Retrouve la place de chaque nombre sur la droite numérique graduée. (Écris le nombre et sa couleur).** *Ex. : 10 000 → bleu*

35 000 60 150 22 589 87 632 74 631 28 974 89 999

12 ** **Place sur la droite numérique graduée les nombres suivants :**

16 500 13 000 14 500 11 500

Défi Les nombres **53 394** et **53 943** possèdent les mêmes chiffres, mais dans un ordre différent. En n'utilisant que ces cinq chiffres, trouve trois autres nombres compris entre 53 394 et 53 943.

Révisions

Lire, écrire et décomposer des nombres

1 * **Écris le plus petit nombre possible avec toutes ces étiquettes.**

cent dix mille quatre six

2 * **Écris ces nombres en chiffres.**

a. quinze-mille-cinq-cent-quatre-vingt-quatre
b. vingt-mille-sept-cent-cinquante-deux
c. quatre-vingt-douze-mille-trois-cent-quatre-vingt-douze
d. dix-mille-soixante-sept
e. trente-huit-mille-sept-cent-six

3 * **Décompose ces nombres comme dans l'exemple.**

Ex. : 54 423 = (5 × 10 000) + (4 × 1 000) + (4 × 100) + (2 × 10) + 3

78 221 48 932 61 321 56 981 12 724 25 864

4 ** **Recompose chaque nombre.**

a. 40 000 + 3 000 + 400 + 10 + 3
b. 30 + 10 000 + 7 000 + 100 + 7
c. 2 + 10 + 50 000 + 900
d. 5 000 + 4 + 20 000
e. 90 + 90 000 + 900
f. 800 + 70 000 + 5

5 ** **Recopie ces nombres. Souligne le chiffre des unités de mille et entoure le nombre d'unités de mille.**

36 312 54 542 90 678 41 321 67 492 29 529

6 ** **Associe chaque décomposition au nombre qui correspond.**

a. 50 + 40 000 + 1 000 :
41 005 41 050 41 500

b. (4 × 1 000) + (3 × 10 000) + 1 :
3 401 34 001 34 100

c. (341 × 100) + (1 × 10) + 3 :
13 341 34 311 34 113

d. 4 312 dizaines et 4 unités :
43 431 43 124 34 321

7 ** Le directeur d'une école fait les comptes de la coopérative.

Il a dans sa caisse dix-mille-quatre-cent-cinquante-six euros.

a. Écris ce nombre en chiffres.

b. Décompose cette somme en billets de 100 €, en billets de 10 € et en pièces de 1 €.

c. En juin 2012, il avait 10 341 €. Écris ce nombre en lettres.

d. Il veut faire un chèque de 10 278 € pour payer le voyage scolaire de ses classes. Écris ce nombre en lettres.

Comparer, ranger et encadrer des nombres

8 * **Complète avec < ou >.**

a. 47 010 … 29 979
b. 37 291 … 37 293
c. 54 264 … 54 664
d. 74 209 … 74 210
e. 11 203 … 11 087
f. 86 023 … 85 999

9 * **Range dans l'ordre croissant.**

23 123 | 52 879 | 14 567
41 111 | 10 001 | 36 543

10 * **Range dans l'ordre décroissant.**

19 123 | 32 543 | 56 755
27 800 | 73 541 | 43 786

11 * **Range dans l'ordre croissant le nombre d'habitants de ces villes.**

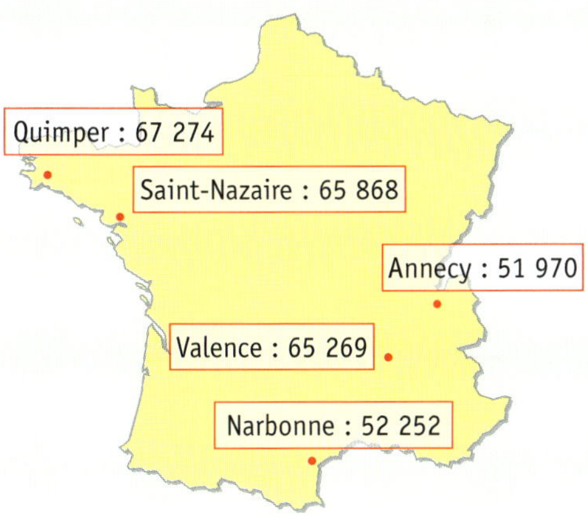

12 * * Je suis un nombre compris entre 30 040 et 30 060. Mon chiffre des dizaines est 4. La somme de mes 5 chiffres est 13.
Qui suis-je ?

13 * * **Complète avec <, > ou =.**

a. 22 421 … 20 000 + 30 + 4 000 + 1 + 200
b. 65 789 … 80 + 60 000 + 700 + 9 + 5 000
c. 100 + 3 000 + 3 + 40 000 + 30 … 43 134
d. 70 000 + 400 + 1 + 40 … 70 440
e. 800 + 80 000 + 20 … 80 828

14 * * **Encadre ces nombres à la centaine près.**

32 128 | 12 012 | 98 943
63 046 | 36 932

15 * * **Parmi ces nombres, lesquels sont compris entre 39 876 et 56 421 ?**

58 429 | 39 880 | 41 000
39 872 | 34 654 | 4 876
39 123 | 38 876 | 56 400
3 980 | 54 877 | 56 214

16 * * * **Encadre ces décompositions à l'unité de mille près.**

a. 30 000 + 4 000 + 200 + 20 + 6
b. 10 + 60 000 + 7 000
c. (5 × 10 000) + (3 × 100) + (2 × 1 000)
d. (621 × 100) + (5 × 10) + 1
e. 9 812 dizaines et 2 unités

Placer des nombres sur une droite numérique graduée

17 * **Place ces nombres sur la droite numérique graduée.**

15 000 | 19 000 | 12 500 | 20 500

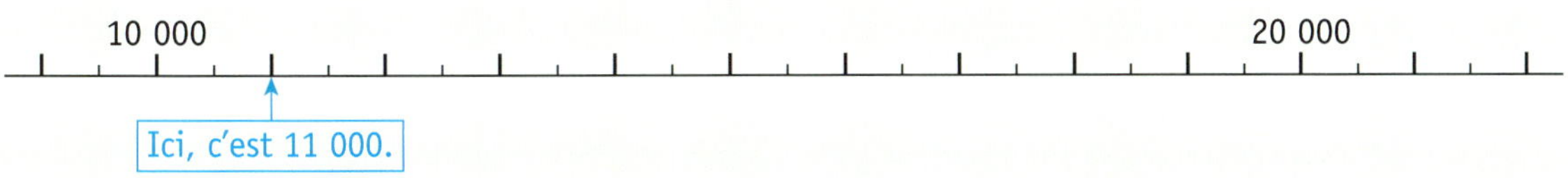

18 * * **Place ces nombres sur la droite numérique graduée.**

25 000 | 32 500 | 27 500 | 7 500

Lire et écrire les nombres jusqu'au million

L'aquarium de Lyon

L'aquarium de Lyon compte environ trois-cents espèces de poissons du monde entier. La fosse aux requins est le plus grand bassin : il contient quatre-cents-cinquante-mille litres d'eau ! Le site accueille cent-soixante-mille visiteurs par an.

Cherchons

→ **Le site accueille 170 000 visiteurs par an. Quelle erreur le journaliste a-t-il faite en écrivant son article ?**

→ **Une erreur s'est glissée dans l'écriture du nombre de litres d'eau de la fosse aux requins. Corrige-la.**

→ **107 200 litres d'eau de mer sont apportés chaque mois à l'aquarium. Écris ce nombre en lettres.**

- Les nombres de **100 000** à **999 999** ont **6 chiffres**.

Classe des mille			Classe des unités		
centaines de mille	dizaines de mille	unités de mille	centaines	dizaines	unités
3	1	8	5	6	3

- La **classe des mille**, comme celle des unités, a **trois chiffres** : celui des centaines de mille, celui des dizaines de mille, celui des unités de mille.
- **Rappelle-toi :** pour **lire plus facilement** les nombres en chiffres, **on ajoute un espace** entre la classe des mille et la classe des unités.
  Ex. : ~~318563~~ → 318 563

1 * **Associe chaque nombre en lettres à son écriture en chiffres.**

a. trois-cent-quarante-huit-mille-vingt-neuf :
340 829 348 920 348 029

b. neuf-cent-soixante-quatre-mille-neuf :
964 090 964 009 964 900

c. huit-cent-mille-trente-quatre :
830 034 800 034 803 034

d. quatre-cent-mille-cinquante :
400 050 400 500 400 005

2 * **Associe chaque nombre en lettres à son écriture en chiffres.**

neuf-cent-quarante-cinq-mille-cinq-cent-trente-et-un •	• 253 625
sept-cent-quatre-vingt-quatorze-mille-six-cent-treize •	• 546 372
deux-cent-cinquante-trois-mille-six-cent-vingt-cinq •	• 813 568
cinq-cent-quarante-six-mille-trois-cent-soixante-douze •	• 945 531
huit-cent-treize-mille-cinq-cent-soixante-huit •	• 794 613

3 * **Vrai ou faux ? Corrige les affirmations qui sont fausses.**

a. 779 452 s'écrit sept-cent-soixante-neuf-mille-quatre-cent-cinquante-deux.
b. 163 612 s'écrit cent-soixante-trois-mille-six-cent-douze.
c. 818 629 s'écrit huit-cent-dix-huit-mille-six-cent-vingt-neuf.

4 * Dans la maison de Gargantua, un grand festin se prépare. On commande pour l'occasion cent-cinquante-mille choux à la crème. Observe la boîte reçue par le cuisinier. Pourquoi est-il en colère ?

5 * **Écris ces nombres en lettres :** 239 158   765 418   897 165   534 672   661 277

6 * **Écris ces nombres en chiffres.**

a. trois-cent-trente-six-mille-deux-cent-soixante-six
b. six-cent-soixante-douze-mille-huit-cent-vingt
c. deux-cent-vingt-cinq-mille-deux-cent-soixante-sept
d. six-cent-quatre-vingt-dix-mille-neuf-cent-trente-trois

7 ** **Écris ces nombres en lettres :** 198 503   435 051   105 375   540 067   700 012

8 ** En France, il existe différentes catégories de forêts classées selon les types d'arbres :

740 000 hectares de châtaigniers   580 000 hectares de charmes   910 000 hectares de pins sylvestres

L'hectare est une unité qui permet d'exprimer une surface.

Écris en lettres le nombre d'hectares de chaque surface.

9 ** **Écris trois nombres de six chiffres avec ces étiquettes.**

mille   cent   huit   soixante   deux

10 ** **Complète cette grille en écrivant les nombres en chiffres.**

(A) deux-cent-soixante-dix-huit-mille-cent-trente-neuf
(B) cent-soixante-douze-mille-cent-quarante-huit
(C) six-cent-soixante-mille-un
(D) sept-cent-quarante-et-un-mille-trois-cent-vingt-six
(E) neuf-cent-quatre-mille-un

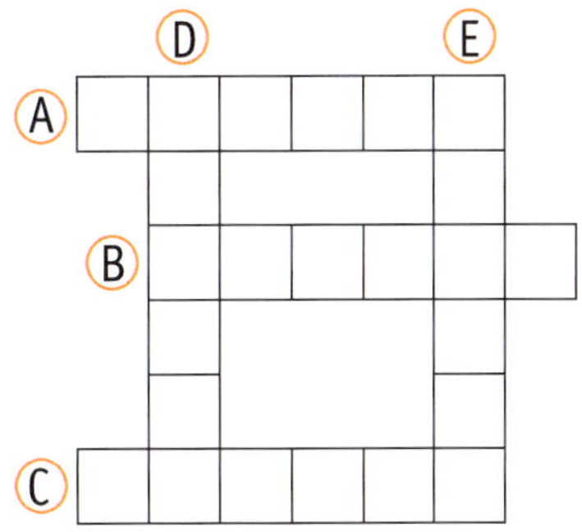

Défi **Combien de nombres compris entre 100 000 et 999 999 sont composés de deux séries identiques de trois chiffres ?**
Ex. : 593 593, 815 815, 999 999, etc.

Décomposer les nombres jusqu'au million

Temple d'Amon à Karnak, en Égypte.

À l'époque des pharaons (3 000 ans avant J.-C.), les Égyptiens utilisaient des hiéroglyphes pour désigner les nombres :

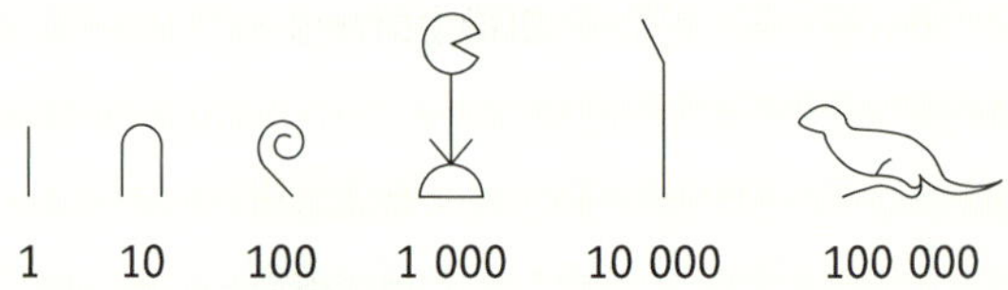

Cherchons

→ **Les hiéroglyphes ci-dessous représentent un seul nombre. Lequel ?**

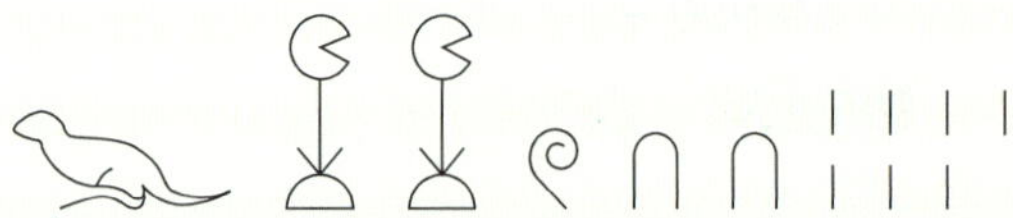

→ **Écris le nombre 141 031 en hiéroglyphes.**

- La **décomposition des nombres de 100 000 à 999 999** peut s'écrire de différentes façons.
  Ex. : 571 289 = 500 000 + 70 000 + 1 000 + 200 + 80 + 9
  571 289 = (5 × 100 000) + (7 × 10 000) + (1 × 1 000) + (2 × 100) + (8 × 10) + 9
- **Rappelle-toi :** il faut bien distinguer **chiffre** et **nombre**.
  Dans 571 289, le **chiffre des unités de mille** est **1**, mais le **nombre d'unités de mille** est **571**.

1 * **Décompose chaque nombre comme dans l'exemple.**

Ex. : 284 397 = 200 000 + 80 000 + 4 000 + 300 + 90 + 7

476 321 | 548 173 | 264 387 | 758 743 | 128 215 | 956 632 | 572 369 | 174 538

2 * **Décompose chaque nombre comme dans l'exemple.**

Ex. : 284 397 = (2 × 100 000) + (8 × 10 000) + (4 × 1 000) + (3 × 100) + (9 × 10) + 7

321 954 | 437 914 | 679 156 | 231 867 | 872 227 | 485 485 | 333 332

3 * **Recompose chaque nombre comme dans l'exemple.**

Ex. : 100 000 + 50 000 + 7 000 + 400 + 30 + 2 = 157 432

a. 900 000 + 20 000 + 3 000 + 200 + 40 + 5
b. 100 000 + 8 000 + 60 + 2 + 40 000 + 500
c. 3 000 + 700 + 500 000 + 20 000 + 10 + 4
d. 400 000 + 100 + 10 + 1 000
e. 8 + 800 000 + 800 + 8 000
f. 90 + 900 000

4 ** Une fusée à quatre étages part sur la Lune.

- Le 1er étage parcourt 300 000 km puis se détache.
- Le 2e étage parcourt 80 000 km de plus avant de se détacher à son tour.
- Le 3e étage parcourt 4 000 km supplémentaires, et le 4e étage, 400 km. La fusée se pose alors sur la Lune.

Déduis-en la distance entre la Terre et la Lune.

5 ** Au jeu de « 100 000 bornes », Pierre a les cartes suivantes :

3 cartes de 10 000 km	1 carte de 100 km
4 cartes de 100 000 km	8 cartes de 1 km

Il annonce qu'il a 430 108 km. Qu'en penses-tu ?

6 ** **Décompose chaque nombre comme dans l'exemple.**

Ex. : 265 760 = 200 000 + 60 000 + 5 000 + 700 + 60

265 306 371 034 706 104 800 436 405 802 206 009 640 000 703 890

7 ** **Décompose chaque nombre comme dans l'exemple.**

Ex. : 751 206 = (7 × 100 000) + (5 × 10 000) + (1 × 1 000) + (2 × 100) + 6

428 730 362 021 209 151 300 045 803 209 618 005 902 700 600 410

8 ** **Recompose chaque nombre comme dans l'exemple.**

Ex. : (2 × 100 000) + (5 × 10 000) + (7 × 1 000) + (4 × 100) + (3 × 10) + 2 = 257 432

a. (1 × 100 000) + (4 × 10 000) + (3 × 1 000) + (7 × 100) + (1 × 10) + 8
b. (3 × 100 000) + (1 × 100) + (5 × 10) + (1 × 1 000) + 6
c. (48 × 10 000) + (5 × 10) + (6 × 1 000) + (3 × 100)

9 ** En jouant à un jeu de société, Léo échange 320 812 points gagnés contre des billets et des pièces. Le meneur de jeu lui donne :

12 pièces de 1 32 billets de 1 000 8 billets de 100

Léo dit que le meneur de jeu s'est trompé. Pourquoi ?

10 ** **Marie a écrit les décompositions suivantes. Corrige celles qui sont fausses.**

a. 120 358 = 300 + 50 + 100 000 + 8 + 20 000
b. 457 809 = 400 000 + 800 + 9 + 5 000 + 70 000
c. 700 980 = 9 000 + 80 + 700 000
d. 905 053 = 50 + 5 000 + 3 + 900 000
e. 550 150 = 50 + 100 + 5 000 + 500 000
f. 200 234 = 2 000 + 30 + 4 + 200 000

Défi J'ai 6 chiffres. Mon nombre de centaines ne peut pas être plus grand. Mon chiffre des unités est la moitié de 2. Mon chiffre des dizaines est le triple de 2.
Qui suis-je ?

Comparer, ranger et encadrer les nombres jusqu'au million

Voici la superficie de plusieurs pays :

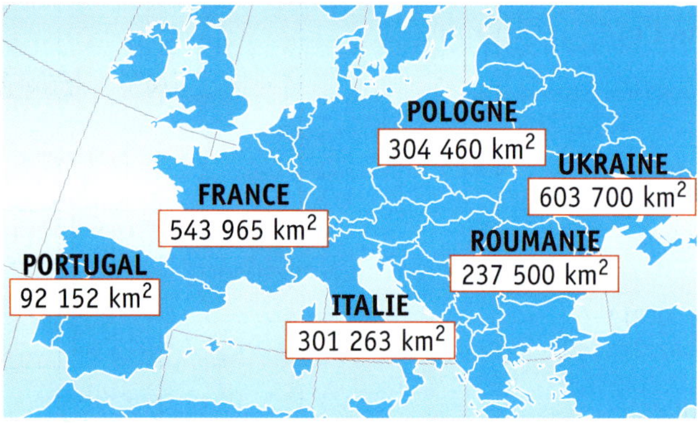

La superficie d'un pays est la place qu'il occupe sur la Terre.

Cherchons

→ **Range ces superficies dans l'ordre croissant. Quel pays a la plus grande superficie ?**

→ **Quels pays ont une superficie inférieure à 500 000 km² ?**

→ **Encadre la superficie de l'Italie à la centaine de mille près.**

→ **Entre quels pays rangerais-tu la Norvège, sachant que sa superficie est de 384 822 km² ?**

Pour **comparer des nombres entre 100 000 et 999 999**, on compare les **centaines de mille**, puis si besoin les **dizaines de mille**, les **unités de mille**, les **centaines**, les **dizaines** et les **unités**.

Rappelle-toi :

On peut **comparer** deux nombres : 301 230 < 312 685.

On peut **ranger** des nombres : 450 489 < 453 489 < 456 489 < 458 489.

On peut les **encadrer** : 400 000 < 412 613 < 500 000.

On peut les placer sur une **droite numérique graduée** :

Comparer et ranger des nombres

1 * **Complète avec < ou >.**

a. 234 651 … 678 923
b. 178 123 … 321 900
c. 451 783 … 389 412
d. 370 433 … 216 783
e. 892 413 … 431 342

2 * **Range ces nombres dans l'ordre croissant.**

423 125 – 981 350 – 156 761 – 234 189 – 763 501 – 378 422 – 694 752 – 503 620

3 * **Range ces nombres dans l'ordre décroissant.**

874 486 – 912 432 – 214 564 – 765 198

4 ** **Complète avec le signe $<$, $>$ ou $=$.**

a. 40 000 + 600 000 + 2 000 + 100 + 20 … 652 120
b. 500 000 + 200 + 10 + 3 000 + 10 000 … 10 000 + 500 000 + 2 000 + 300
c. 448 000 … 4 000 + 8 + 400 000 + 40 000
d. 100 + 100 000 + 30 000 + 40 + 6 000 … 136 140

5 ** **Range ces nombres dans l'ordre croissant.**

341 614 | 410 987 | 341 604 | 401 833 | 410 897 | 231 345 | 604 321

6 ** Voici le nombre de naissances en France, en 2008 et en 2009 :

Un semestre, c'est la moitié d'une année.

Période	Nombre de naissances
1er semestre 2008	392 552
2e semestre 2008	403 632
1er semestre 2009	384 894
2e semestre 2009	403 526

a. À quel semestre est né le plus grand nombre d'enfants ?
b. Range ces nombres de naissances dans l'ordre croissant.

Encadrer des nombres

7 * **Encadre ces nombres à la dizaine de mille près**

155 598 | 714 060 | 337 481 | 164 146 | 610 123 | 298 976 | 184 010

8 * **Encadre ces nombres à la centaine de mille près.**

344 976 | 262 731 | 816 426 | 760 262 | 866 882 | 510 876 | 100 445

Placer des nombres sur une droite numérique graduée

9 * **Associe chaque nombre à la lettre correspondante.**

210 000 | 430 000 | 350 000 | 280 000 | 390 000

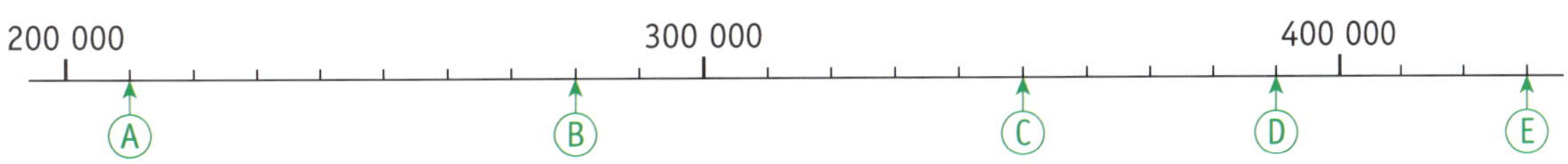

10 ** **Place ces nombres sur la droite numérique graduée.**

160 000 | 220 000 | 80 000 | 280 000 | 340 000

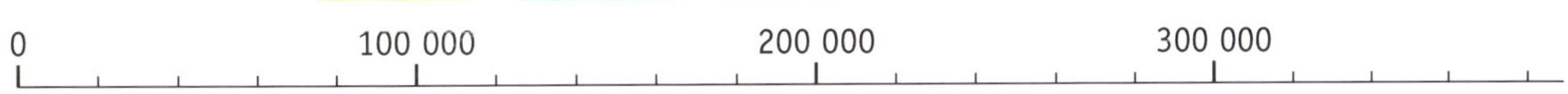

Défi Le Viêt-Nam est un pays d'Asie. Retrouve sa superficie en t'aidant des indices suivants :
- *Sa superficie est comprise entre celle de la Malaisie (330 800 km^2) et celle de la Finlande (338 400 km^2).*
- *Son chiffre des unités de mille est 1, celui des centaines est 2 et la somme de ses chiffres est 9.*

La baie d'Along, au Viêt-Nam.

Révisions

Lire, écrire et décomposer des nombres

1 * Voici le nombre d'habitants de quatre villes françaises :

a. Pour chaque ville, écris le nombre d'habitants en lettres.

b. Lis le nombre d'habitants de Marseille. Indique son chiffre des unités de mille, puis son nombre d'unités de mille.

c. Lis le nombre d'habitants de Grenoble. Indique son chiffre des centaines puis son nombre de centaines.

Lyon : 483 181
Strasbourg : 276 194
Grenoble : 159 307
Marseille : 859 543

2 * **Cherche deux nombres à six chiffres que tu peux écrire en utilisant toutes ces étiquettes.**

cent — quatre — trois — mille

3 * **Cherche le plus petit nombre que tu peux écrire en utilisant toutes ces étiquettes.**

cinquante — cent — quatre — neuf — mille

4 * **Décompose chaque nombre comme dans l'exemple.**

Ex. : 640 228 = (6 × 100 000) + (4 × 10 000) + (2 × 100) + (2 × 10) + 8

212 467 — 723 871 — 461 890 — 333 403 — 901 688 — 645 823 — 500 421 — 321 908

5 ** **Complète ce tableau (la première ligne sert d'exemple).**

cent-soixante-douze-mille	*172 000*	*100 000 + 70 000 + 2 000*	*(1 × 100 000) + (7 × 10 000) + (2 × 1 000)*
quatre-cent-mille-six			
	300 025		
		400 000 + 3 000 + 1	
			(1 × 100) + (2 × 10 000) + (7 × 100 000)

6 ** M. Pelletier vend des glaces. Il a commandé 358 cartons de 1 000 cornets, 2 cartons de 100 cornets et 1 carton de 10.

a. Combien de cornets va-t-il recevoir ?

b. Quel est le chiffre des dizaines de ce nombre ?

c. M. Pelletier veut ranger ses cornets par paquets de 10. Combien de paquets va-t-il faire ?

7 ** Une chaîne de grands magasins reçoit des paires de chaussettes en grande quantité : 4 800 cartons de 100 paires et 5 paquets de 10 paires. Combien de paires de chaussettes les magasiniers doivent-ils ranger dans l'entrepôt ?

Comparer, ranger et encadrer des nombres

8 * **Complète avec < ou >.**

a. 452 009 .... 453 009
b. 578 024 .... 607 109
c. 777 439 .... 677 401
d. 100 980 .... 100 880
e. 328 098 .... 339 566

9 * **Encadre ces nombres à la dizaine de mille près.**

243 868 — 510 346
699 870 — 937 222

10 * **Encadre ces nombres à la centaine de mille près.**

a. 870 045 – 712 324 – 636 368
b. 485 154 – 584 676 – 300 012

11 * **Range ces nombres dans l'ordre décroissant.**

125 435 – 656 789 – 902 000 – 175 228 – 387 431 – 920 000 – 900 002 – 435 125

12 * Observe cette suite de nombres.

132 345 – ... – ... – 326 345 – ... – ...

Place les nombres suivants au bon endroit dans la suite.

546 700 — 314 840 — 657 000 — 187 453

13 ** Voici la superficie de quelques mers :

Mer du Nord : 575 000 km²
Mer du Japon : 978 000 km²
Mer Caspienne : 371 000 km²
Mer d'Irlande : 104 000 km²
Mer Rouge : 450 000 km²
Mer Noire : 413 000 km²

a. Range ces mers dans l'ordre croissant de leur superficie.
b. Quelles mers ont une superficie comprise entre 350 000 et 440 000 km² ?

14 ** **Complète avec < ou >.**

a. 500 000 + 4 + 30 000 + 20 ... 500 000 + 40 + 300 + 2
b. 900 + 70 + 900 000 + 3 ... 7 + 30 + 900 000 + 9 000
c. 40 000 + 300 000 + 50 + 4 ... 4 + 300 000 + 20 000 + 50
d. 200 000 + 7 000 + 5 + 80 000 + 60 + 500 ... 200 000 + 80 000 + 60 + 5 000 + 5
e. 400 000 + 8 000 + 1 + 30 000 ... 400 000 + 30 000 + 800 + 2

Placer des nombres sur une droite numérique graduée

15 ** **Indique le nombre qui correspond à chaque lettre.**

Problèmes

Lire et écrire des nombres

1 * Les parents de Paul souhaitent acheter une maison et ont un budget de 177 000 €. L'agence leur propose trois maisons :

cent-soixante-sept-mille-cinq-cents euros

cent-soixante-dix-huit-mille euros

cent-soixante-quinze-mille-neuf-cents euros

a. Quelles maisons peuvent-ils acheter ?
b. Ils mettent en vente leur ancienne maison au prix de 177 000 €. Prépare le prix écrit en lettres pour l'annonce de l'agence.

Décomposer des nombres

2 * Un imprimeur doit livrer 18 500 prospectus. Il les a rangés et comptés : un carton de 10 000, 8 tas de 100 et 5 paquets de 1 000 prospectus. A-t-il assez de prospectus pour effectuer sa livraison ?

3 * Au concours de calcul mental :
– huit groupes de 100 élèves passent l'épreuve des mégajuniors ;
– cinq groupes de 10 élèves passent l'épreuve des superjuniors ;
– trois groupes de 1 000 passent l'épreuve des minijuniors ;
– deux groupes de 10 000 passent l'épreuve des supercadets.
Combien d'élèves participent à ce concours ?

4 ** La mairie a équipé une école de 6 ordinateurs. Elle paie l'équipement avec 36 billets de 100 € et 7 billets de 10 €. Combien les ordinateurs ont-ils coûté ?

5 ** Leïla aide le bibliothécaire à organiser le rangement des 5 670 livres. Ils doivent commander des présentoirs pouvant porter 10 livres, des bacs pouvant contenir 100 livres et des étagères pouvant porter 1 000 livres. Combien de présentoirs, bacs et étagères doivent-ils prévoir pour ranger tous les livres ?

6 ** Le père de Gabin présente sa collection de timbres à un ami. Il lui montre ses 15 albums de 1 000 timbres et ses 52 pochettes de 10 timbres. Combien de timbres possède-t-il ?

7 ** Les ingénieurs d'une usine doivent équiper leurs 48 320 robots d'une pile chacun. Combien de cartons de 1 000 piles, de boîtes de 100 piles et de paquets de 10 piles doivent-ils commander ?

8 *** Un fabricant de bonbons doit envoyer 18 640 sucettes. Il peut les mettre dans des sacs de 1 000 et des sachets de 10 sucettes. Comment va-t-il répartir sa marchandise ?

Comparer, ranger et encadrer des nombres

9 * Delphine doit choisir un code de sécurité pour son casier de lycée. Celui-ci doit être compris entre 75 800 et 76 080. Elle hésite entre 76 800, 75 690, 75 900, 75 090, 76 100.
Quel code pourra-t-elle utiliser ?

10 * Voici le nombre de vaches laitières dans quelques régions de France :

- Auvergne : 247 219
- Bretagne : 735 148
- Franche-Comté : 203 000
- Lorraine : 198 297
- PACA : 7 008
- Rhône-Alpes : 288 646

a. Quelle région compte le plus de vaches laitières ?
b. Classe ces régions en fonction du nombre de vaches laitières, dans l'ordre décroissant.

11 * Dans un magasin de sport, il y a un stock de 225 372 articles. Dans un magasin de jouets, il y a 225 732 articles. Quel magasin a le plus d'articles en stock ?

12 ** Les stocks de livres de plusieurs librairies ont été comptés :

Librairie du centre : 34 dizaines de mille
Librairie du port : 2 950 centaines
Librairie de l'hippodrome : 791 unités de mille

Écris en chiffres le nombre de livres de chaque librairie, puis range-les dans l'ordre décroissant.

13 ** Trois ogres se disputent.
Martin, le premier, dit : « J'ai gobé 200 000 œufs aujourd'hui. »
Lorenzo, le deuxième, lui répond : « Moi, j'en ai gobé moins de 300 000. »
Roméo, le troisième, conclut : « C'est forcément Lorenzo qui en a gobé le plus ! »
Qu'en penses-tu ?

14 ** Lors d'un jeu vidéo, Manon a battu 278 100 monstres, Pauline 502 500, Nicolas 520 000 et Anaïs 278 090.

a. Fais le classement du jeu, en plaçant en premier l'enfant qui a battu le plus de monstres.

b. Quentin a battu 377 000 monstres. Si l'on classait de nouveau les enfants, quelle serait la position de Quentin ?

15 *** Sur le marché aux fleurs, il y a 32 462 bouquets de 10 roses et 3 247 bacs de 100 tulipes. Y a-t-il plus de roses ou de tulipes ?

Additionner deux nombres entiers

Cherchons

Lors d'une rencontre d'athlétisme, l'équipe de Flore a remporté 48 points et celle de Pierre, 45 points. Pour obtenir la coupe, il faut que les deux équipes totalisent 80 points.

De retour en classe, Flore a calculé le nombre total de points gagnés, mais la maîtresse lui dit qu'elle s'est trompée.

→ **Peux-tu expliquer les erreurs de Flore ?**

→ **Effectue l'opération pour savoir si les deux équipes ont gagné la coupe.**

- Pour **ajouter plusieurs nombres**, on effectue une **addition**. Les nombres que l'on additionne s'appellent des **termes**.
- Dans une addition, on peut **changer l'ordre des termes** sans changer le résultat.
  Ex. : 38 + 27 = 27 + 38 = 65
- Pour **poser une addition en colonnes**, il faut :
  – **aligner les chiffres** : les unités sous les unités, les dizaines sous les dizaines, etc.
  – **additionner** d'abord les **unités**, puis les **dizaines**, etc.

	(1)	
	3	8
+	2	7
	6	5

1 J'ajoute les unités :
8 + 7 = 15 J'écris 5 sous les unités et je retiens 1 au-dessus des dizaines.

2 J'ajoute les dizaines :
1 + 3 + 2 = 6 J'écris 6 sous les dizaines.

- Pour **vérifier la vraisemblance du résultat**, on évalue un **ordre de grandeur** :
  Ex. : 38 + 27 *est proche de* 40 + 30 = 70.

Évaluer un ordre de grandeur du résultat

1 * Les parents d'Elsa et d'Antoine veulent acheter une balançoire à 399 € et un bac à sable à 88 €.

a. Complète : *Le prix de la balançoire est proche de … .*
Le prix du bac à sable est proche de … .

b. Elsa pense qu'au total cela coûtera environ 500 €. Antoine pense que cela coûtera environ 600 €. Qui est le plus proche du résultat ?

2 * * **Pour chaque opération, recherche un ordre de grandeur du résultat et recopie l'étiquette la plus proche.**

a. 704 + 108	800	850	900
b. 623 + 98	620	720	820
c. 29 + 198	200	230	260

Additionner : technique opératoire

3 * **Effectue ces additions.**

	5	2
+	4	4

	7	3	8
+		4	6

4 * **Pose et effectue ces additions.**

N'oublie pas les retenues.

a. 758 + 131
366 + 327
543 + 54

b. 636 + 239
237 + 81
26 + 764

5 * En France, le Sénat est composé de 348 élus. L'Assemblée nationale compte 234 élus de plus que le Sénat. Combien y a-t-il d'élus à l'Assemblée nationale ?

La salle de l'Assemblée nationale.

6 * Une bibliothécaire a commandé 156 revues. Son rayon en possède déjà 327. Combien en comptera-t-il lorsque la commande sera livrée ?

7 * * **Pose et effectue ces additions.**

a. 178 + 145
729 + 178
684 + 247

b. 155 + 679
163 + 590
72 + 828

8 * * Une salle de spectacle compte 376 places assises. Après son agrandissement, il y aura 125 places de plus. Combien de sièges aura-t-elle ?

9 * * Lors du Tour de France 2011, les cyclistes ont effectué le 19 juillet une étape de 162 km, et le 20 juillet, une étape de 179 km. Quelle distance totale ont-ils parcourue en deux jours ?

10 * * **Complète ces additions.**

	5	4	6
+	•	•	•
	7	9	9

	•	•	•
+	2	5	8
	6	8	6

	4	5	•
+	2	•	6
	•	4	7

11 * * **Pose et effectue ces additions.**

a. 456 + 115 + 324
125 + 336 + 99
219 + 28 + 446

b. 267 + 46 + 288
596 + 262 + 5
111 + 131 + 68

12 * * * **Pose et effectue ces additions.**

a. 1 459 + 6 248
4 666 + 3 555
7 356 + 1 648

b. 5 789 + 654
141 + 1 228 + 306
7 483 + 678 + 1 067

13 * * * Voici le trajet parcouru par une classe de Saint-Denis pour aller à Sète.

Quelle est la distance totale parcourue ?

Défi **Le plus rapidement possible, additionne deux de ces nombres pour obtenir 520.**

451 472 379 48 123 69

Calcul

Soustraire deux nombres entiers (1)

Cherchons

Le toit de la maison de Mathis comptait 648 tuiles. Pendant une tempête, 125 tuiles sont tombées du toit.

→ **Quelle opération dois-tu faire pour calculer le nombre de tuiles restant sur le toit ? Effectue le calcul.**

- Pour **calculer une différence** ou **un écart entre deux nombres**, on effectue une **soustraction**.
- Pour **poser une soustraction en colonnes**, il faut :
  – écrire le **plus grand nombre sur la première ligne** ;
  – **aligner les chiffres** : les unités sous les unités, les dizaines sous les dizaines, etc.
  – **soustraire** d'abord les **unités**, puis les **dizaines**, etc.

	5	3	8
−	2	1	2
	3	2	6

2 pour aller à 8 ➜ 6. J'écris 6 sous les unités.
1 pour aller à 3 ➜ 2. J'écris 2 sous les dizaines.
2 pour aller à 5 ➜ 3. J'écris 3 sous les centaines.

- Pour **vérifier la vraisemblance du résultat**, on évalue un **ordre de grandeur**.
  Ex. : 538 – 212 *est proche de* 540 – 210 = 330.
- Pour **vérifier le résultat d'une soustraction**, on peut effectuer une **addition**.
  Ex. : 538 – 212 = 326 ➜ 326 + 212 = 538

Évaluer un ordre de grandeur du résultat

1 * À la kermesse de l'école, les élèves ont mis en vente 168 plants de haricots. À la fin de la journée, il leur en reste 43.

a. Complète : *Le nombre de plants mis en vente est proche de … .*
Le nombre de plants restants est proche de … .

b.

Qui a raison ?

2 * * **Pour chaque opération, recherche un ordre de grandeur du résultat et recopie l'étiquette la plus proche.**

a. 494 – 102	300	350	400
b. 554 – 53	480	500	520
c. 882 – 211	600	700	800

Soustraire : technique opératoire sans retenue

3 * **Effectue ces soustractions.**

	6	8	6
–	2	5	4

	8	7	4
–	3	5	2

4 * Le ouistiti pygmée est le plus petit singe du monde (15 cm) et le gorille est le plus grand (168 cm).

Gorille

Ouistiti pygmée

Quel est l'écart de taille entre ces deux singes ?

5 * **Pose et effectue ces soustractions.**

a. 524 – 213
645 – 125
714 – 603

b. 878 – 276
549 – 336
454 – 222

6 * Au départ d'une course automobile, il y avait 692 voitures, mais 351 se sont arrêtées avant la fin de la course. Combien de voitures restait-il à l'arrivée ?

7 * * M. Mathieu a acheté des arbres qui coûtent 949 €. Le paysagiste lui a fait une réduction et M. Mathieu n'a payé que 837 €. Quel est le montant de la réduction ?

8 * * Pendant la journée, un bus de tourisme parcourt 287 km. À l'arrivée, son compteur indique 998 km. Combien de kilomètres le compteur du bus indiquait-il au moment du départ ?

9 * * **Pose une soustraction en colonnes pour calculer :**

a. la différence entre 569 et 427.
b. la différence entre 216 et 848.
c. la différence entre 65 et 289.
d. la différence entre 987 et 123.

10 * * Denis Diderot est un célèbre écrivain français qui naquit en 1713 et mourut en 1784. Combien d'années a-t-il vécu ?

11 * * **Pose et effectue ces soustractions.**

a. 1 747 – 1 324
4 373 – 2 263
8 828 – 5 510
9 537 – 7 512

b. 4 309 – 203
9 298 – 156
6 456 – 53
8 075 – 64

12 * * * Pendant l'été, Louise a parcouru 1 586 km en voiture, avec ses parents. Elle a voyagé 463 km de plus qu'Andréa. Combien de kilomètres Andréa a-t-elle parcourus ?

Défi **Jeu du portrait**

J'ai 2 centaines de moins que 479. Mon chiffre des dizaines est deux fois plus petit que celui des centaines. Je me termine par 1. **Qui suis-je ?**

Calcul

Soustraire deux nombres entiers (2)

Cherchons

Samira a un sachet de 52 guimauves. Mégane a un sachet de 38 guimauves.

→ **Calcule l'écart de guimauves entre les deux sachets.**

La boulangère offre 10 guimauves à Samira et une dizaine de guimauves à Mégane.

→ **La boulangère leur a-t-elle offert la même quantité de guimauves ?**

→ **Combien de guimauves a chacune des filles à présent ?**

→ **Calcule l'écart entre les deux nouvelles quantités. Que constates-tu ?**

Rappelle-toi :

Pour **poser une soustraction en colonnes**, il faut :
- écrire le **plus grand nombre sur la première ligne** ;
- **aligner les chiffres :** les unités sous les unités, les dizaines sous les dizaines, etc.
- **soustraire** d'abord les **unités**, puis les **dizaines**, etc.

	3	6	(1)2
−	1	3	5
		(1)	
	2	2	7

5 pour aller à 2… Je ne peux pas. J'ajoute 10 à 2 et une dizaine à 3.
5 pour aller à 12 → 7. J'écris 7 sous les unités.
3 + 1 = 4.
4 pour aller à 6 → 2. J'écris 2 sous les dizaines.
1 pour aller à 3 → 2. J'écris 2 sous les centaines.

Soustraire : technique opératoire avec retenue

1 * **Effectue ces soustractions.**

	5	6	6
−	3	4	9

	7	2	6
−	4	4	4

2 * **Pose et effectue ces soustractions.**

a. 872 − 659
174 − 56
383 − 151

b. 224 − 173
413 − 121
589 − 391

3 * Édouard avait 358 autocollants de joueurs de football. Il en offre 86 à Thomas. Combien lui en reste-t-il ?

4 * Au printemps, les paysagistes de la ville ont semé 528 plants de fleurs. 173 n'ont pas poussé. Combien de plants ont grandi normalement ?

5 * Paul avait 148 €. Il achète un jeu à 39 €. Combien d'euros lui reste-t-il ?

6 ** Le peintre espagnol Pablo Picasso est né en 1881 et mort en 1973. À quel âge est-il mort ?

7 ** La superficie du Territoire de Belfort est de 609 km². Il a une superficie supérieure de 373 km² à celle de la Seine-Saint-Denis. Quelle est la superficie de la Seine-Saint-Denis ?

La superficie d'un département est la place qu'il occupe.

8 ** **Pose et effectue ces soustractions.**

a. 213 – 157	**b.** 577 – 364
328 – 269	800 – 694
601 – 378	406 – 377

9 ** Younes a gagné 89 des 134 billes de Mathieu. Combien de billes Mathieu a-t-il à présent ?

10 ** La lumière met 250 minutes pour aller du Soleil à Neptune et 43 minutes pour aller du Soleil à Jupiter. Quel est l'écart de temps entre les deux trajets ?

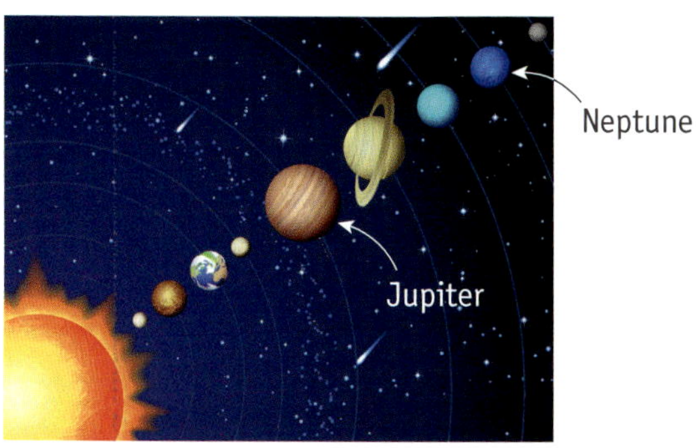

11 ** Mathéo a une collection de 326 figurines. Il voudrait bien en avoir autant que son cousin Quentin qui en possède 614. Combien de figurines manque-t-il à Mathéo ?

12 ** Pendant les soldes, quel vélo a bénéficié de la plus grosse réduction ?

13 ** **Pose une soustraction en colonnes pour calculer :**

a. la différence entre 5 462 et 2 684.
b. la différence entre 3 823 et 6 006.
c. la différence entre 748 et 2 605.

14 *** **Pose et effectue ces soustractions.**

a. 1 464 – 1 352	**b.** 4 052 – 3 684
2 820 – 1 647	7 614 – 5 879
9 346 – 8 269	1 267 – 692

15 *** Depuis 1879, le Mont-Saint-Michel, en Normandie, est relié à la côte par une digue. Depuis combien d'années n'est-il plus isolé de la côte ?

Défi L'arrière-grand-père de Sophie a 93 ans. Il a 25 ans de plus que son grand-père, qui a lui-même 23 ans de plus que son père. Son père a 28 ans de plus qu'elle. Quel est l'âge de Sophie ?

Calcul

Révisions

Évaluer un ordre de grandeur du résultat

1 * À l'école, la bibliothèque contient 196 albums et 148 romans.

a. Complète :

Le nombre d'albums est proche de … .
Le nombre de romans est proche de … .

b. Es-tu d'accord avec Léo ? Justifie ta réponse.

2 ** **Pour chaque opération, recherche un ordre de grandeur du résultat et recopie l'étiquette la plus proche.**

a. 247 + 259	400	500	600
b. 898 – 302	500	550	600
c. 205 + 410	600	650	700
d. 112 + 147	200	250	300
e. 702 – 592	100	150	200
f. 132 – 28	50	100	150

Additionner : technique opératoire

3 * **Pose et effectue ces additions.**

a. 236 + 543
489 + 243
654 + 328
28 + 48

b. 307 + 521
108 + 237
512 + 74
731 + 219

4 * **Pose et effectue ces additions.**

a. 369 + 274
595 + 125
676 + 224
59 + 871

b. 163 + 358
637 + 264
278 + 323
569 + 48

5 * Après avoir acheté un livre à 27 €, il reste 36 € dans le porte-monnaie de Liam. Quelle somme possédait-il avant d'acheter ce livre ?

6 ** **Pose et effectue ces additions.**

a. 327 + 278 + 136
239 + 79 + 414
237 + 245 + 89

b. 53 + 32 + 465
56 + 147 + 251
43 + 194 + 728

7 ** Le TGV Grenoble-Paris parcourt les 130 km jusqu'à Lyon à 100 km/h et les 427 km entre Lyon et Paris à 300 km/h. Combien de kilomètres y a-t-il entre Grenoble et Paris ?

8 ** Depuis que le vendeur lui a appliqué une réduction de 49 €, la console vidéo que voulait David coûte 289 €. Combien coûtait la console avant la réduction ?

9 *** **Pose et effectue ces additions.**

a. 3 678 + 4 256
6 384 + 2 649
8 673 + 597

b. 392 + 2 469 + 99
6 703 + 798 + 2 452
1 284 + 3 571 + 2 696

Soustraire : technique opératoire

10 * **Pose et effectue ces soustractions.**

a. 789 – 526
578 – 263
189 – 158
957 – 43

b. 8 746 – 4 534
1 548 – 317
5 795 – 4 682
9 076 – 52

11 * **Pose et effectue ces soustractions.**

a. 874 – 268
742 – 329
802 – 651
931 – 727

b. 2 874 – 1 546
6 708 – 635
4 571 – 1 480
5 349 – 257

12 ** **Pose et effectue ces soustractions.**

a. 623 – 497
251 – 184
907 – 789
810 – 178

b. 4 562 – 2 378
9 703 – 584
8 501 – 7 890
7 631 – 474

13 ** Aïssa connaît le nom et le numéro de 39 départements sur les 96 présents en France métropolitaine. Combien de départements lui reste-t-il à apprendre pour tous les connaître ?

14 ** Louis XIV, appelé aussi Roi-Soleil, a régné sur la France de 1661 à 1715. Combien d'années fut-il roi ?

Portrait de Louis XIV peint en 1663.

15 ** Depuis qu'elle a commencé le tennis, Manon a participé à 204 entraînements. Mathias, lui, n'a participé qu'à 48 entraînements. Combien de séances d'entraînement lui manque-t-il pour en faire autant que Manon ?

16 *** **Pose et effectue ces soustractions.**

a. 7 524 – 6 849
5 002 – 3 894

b. 9 047 – 2 758
8 456 – 869

17 *** Pendant sa tournée, un groupe de rap a rassemblé 5 468 spectateurs la semaine dernière et 6 215 cette semaine. Combien de spectateurs supplémentaires sont venus cette semaine ?

Additionner et soustraire

18 ** **Remplis cette grille de nombres.**

Verticalement	Horizontalement
Ⓐ 548 + 195	ⓐ 225 + 180 + 40
Ⓑ 714 – 146	ⓑ 128 + … = 161
Ⓒ 661 – 247	ⓒ 1 240 – 439

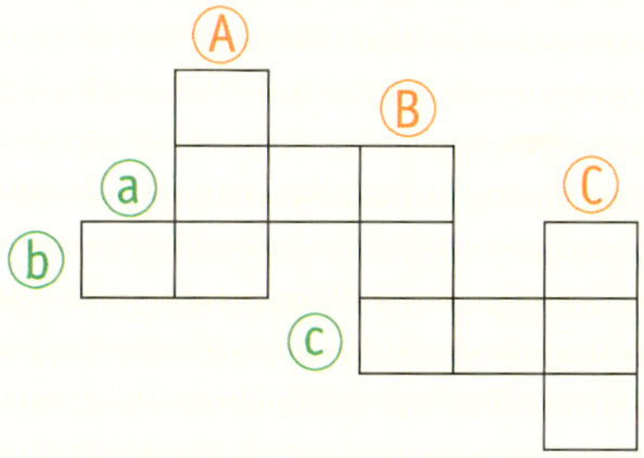

19 ** Anne a 453 pin's. Lors d'un vide-grenier, elle en vend 67.

a. Combien de pin's a-t-elle après le vide-grenier ?

b. La semaine suivante, elle achète 54 pin's à un collectionneur. Combien de pin's a-t-elle ?

Problèmes : l'addition et la soustraction

1 * Xavier achète pour son fils un vélo à 63 euros et un casque à 35 euros. Combien dépense-t-il au total ?

2 * La directrice de l'école a commandé 288 briques de jus de fruit. Elle en a distribué 171. Combien lui en reste-t-il ?

3 * Oscar a 56 € dans sa tirelire. Margot a 35 € de plus que lui. Combien d'euros Margot a-t-elle dans sa tirelire ?

4 * Léna a perdu 27 petites assiettes de sa dînette. Elle en avait 42. Combien d'assiettes lui reste-t-il ?

5 * Sacha a 58 petites voitures. Victor en a 26 de moins. Combien de petites voitures Victor a-t-il ?

6 * Julien a 38 euros dans sa tirelire. Il veut acheter des rollers à 67 euros.

Quelle somme lui manque-t-il pour acheter les rollers ?

7 ** Alice avait déjà lu 38 pages de son livre. Cette semaine, elle a lu 39 pages supplémentaires.

a. Combien de pages a-t-elle lues au total ?

b. Sachant que le livre comporte 111 pages, combien de pages lui reste-t-il à lire ?

8 ** Le compositeur allemand Ludwig Van Beethoven a écrit sa cinquième symphonie en 1808. Il avait 38 ans. En quelle année est-il né ?

9 ** Au restaurant, Corinne commande des pâtes à la carbonara à 11 € et un tiramisu à 5 €. Abbes prend une salade, une pizza et une mousse au chocolat. Il paye 7 € de plus que Corinne.

a. Combien coûte le repas de Corinne ?

b. Combien coûte le repas d'Abbes ?

c. Quelle somme payent-ils au total ?

10 ** Après avoir reçu 579 masques de chirurgien, l'hôpital Bellevue possède une réserve de 1 265 masques. Combien de masques l'hôpital avait-il avant de recevoir le colis ?

11 ** Voici les jouets achetés par la mère de Clara :

a. Combien paye-t-elle ?

b. Combien aurait-elle payé si les articles n'avaient pas été soldés ?

c. Quel est le montant total de la réduction ?

12 ** Voici l'altitude de trois sommets :

Le Grand Ballon : 1 424 m
Le mont Canigou : 2 784 m
Le mont Blanc : 4 810 m

Quelle est la différence d'altitude entre :
a. le mont Blanc et le mont Canigou ?
b. le mont Blanc et le Grand Ballon ?
c. le mont Canigou et le Grand Ballon ?

Le mont Blanc.

13 ** Observe cette frise chronologique.

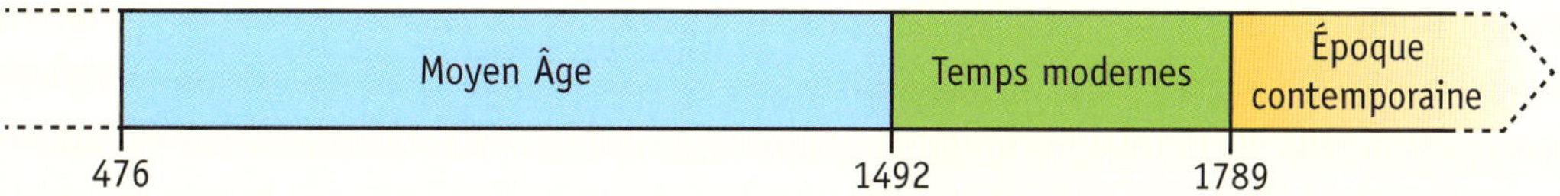

a. Combien d'années a duré l'époque des Temps modernes ?
b. Depuis combien d'années dure l'Époque contemporaine ?
c. Combien d'années se sont écoulées depuis le début du Moyen Âge ?

14 ** Le gavial du Gange est une espèce de crocodile qui a 110 dents ! Il en possède 44 de plus que le crocodile du Nil.

a. Combien de dents le crocodile du Nil possède-t-il ?

b. Un enfant de 8 ans a 24 dents. Combien de dents le gavial du Gange a-t-il de plus qu'un enfant de cet âge ?

Gavial du Gange.

15 ** Pendant le mois de juillet, un centre aéré a reçu 56 enfants la 1re semaine, 71 enfants la 2e et 85 enfants la 3e.

a. Combien d'enfants ont fréquenté le centre aéré pendant ces trois semaines ?

b. Au mois d'août, il y a eu 46 enfants de moins qu'au mois de juillet. Combien y a-t-il eu d'enfants au mois d'août ?

16 *** On peut atteindre le 2e étage de la tour Eiffel en montant les 704 marches de l'escalier !

a. Philippe a déjà monté 325 marches. Combien lui en reste-t-il à monter ?

b. Quand il sera à 39 marches de l'arrivée, combien de marches aura-t-il déjà montées ?

17 *** Un bus de ramassage scolaire va de l'école Romain Rolland au collège Édouard Vaillant.

- Le chauffeur fait monter 28 enfants au départ de la ligne.
- Au 1er arrêt, 12 enfants descendent et 14 enfants montent.
- Au 2e arrêt, 26 enfants montent.

En arrivant au terminus, combien d'enfants y a-t-il dans le bus ?

Calcul

Réviser le sens de la multiplication

Cherchons

→ **Voici le plan du quartier de Tom. Combien de maisons y a-t-il sur la première colonne ? La deuxième ? La troisième ?**

→ **Complète : ... + ... + ... ➜ ... fois ...**

→ **Tom dit qu'en comptant les maisons, il calcule : 3 + 3 + 3 + 3 + 3 + 3 + 3. Es-tu d'accord avec lui ?**

→ **Complète : 3 + 3 + 3 + 3 + 3 + 3 + 3 ➜ ... fois ...**

→ **Complète : 3 × 7 = ... × ...**

▸ Pour **ajouter plusieurs fois le même nombre**, on peut effectuer une **multiplication**. Dans la multiplication, les **nombres** s'appellent des **facteurs**. Le **résultat** s'appelle le **produit**.

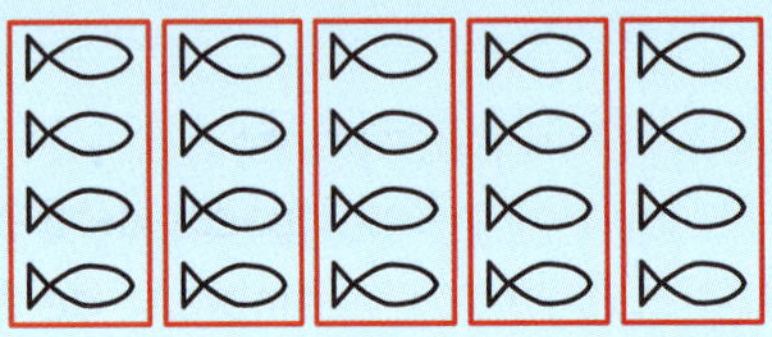

4 + 4 + 4 + 4 + 4 = 20
5 fois 4 est égal à 20.

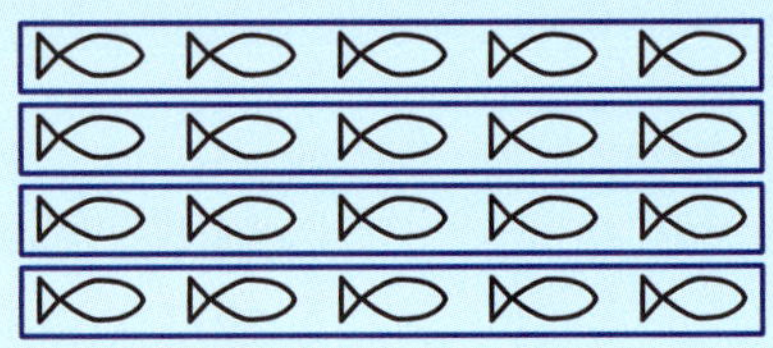

5 + 5 + 5 + 5 = 20
4 fois 5 est égal à 20.

▸ On écrit 5 × 4 = 20 ou 4 × 5 = 20.

▸ **5 × 4 = 4 × 5** On peut **échanger les facteurs** sans modifier le résultat.

Reconnaître une situation de multiplication

1 * **Associe chaque phrase à l'étiquette qui convient.**

a. Éva a acheté 4 paquets de 15 biscuits.
4 + 15 biscuits | 4 fois 15 biscuits

b. Léa a 3 petits livres et 15 grands livres.
3 + 15 livres | 3 fois 15 livres

c. Eddy a ramassé 5 poires et 30 cerises.
5 + 30 fruits | 5 fois 30 fruits

d. Le serveur a apporté 3 plateaux de 12 cafés.
3 + 12 cafés | 3 fois 12 cafés

2 * **Même exercice.**

a. Zoé a utilisé 3 cahiers de 48 pages.
3 + 48 pages | 3 fois 48 pages

b. Assia a fait 6 colliers et 14 bracelets.
6 + 14 bijoux | 6 fois 14 bijoux

c. Tom a acheté 5 sacs de 3 beignets.
5 + 3 beignets | 5 fois 3 beignets

d. Le fermier a 4 vaches et 13 moutons.
4 + 13 animaux | 4 fois 13 animaux

e. Anita a lu 5 livres de 412 pages.
5 + 412 pages | 5 fois 412 pages

Comprendre une situation de multiplication

3 * **Traduis chaque dessin comme dans l'exemple.**

Ex. :  → *4 + 4* → *2 fois 4*

A

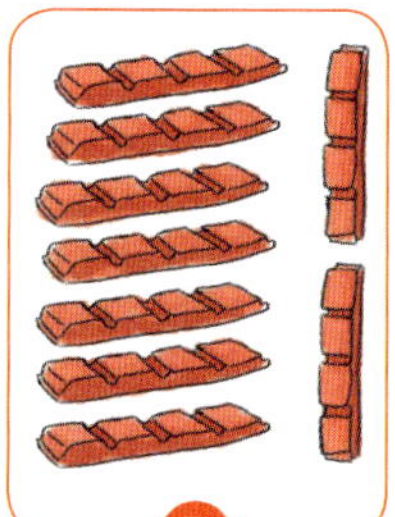
B

C

4 * **Écris les deux multiplications qui correspondent à chaque dessin.**

Ex. : 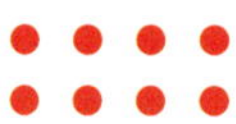 → *4 × 2* → *2 × 4*

A

B

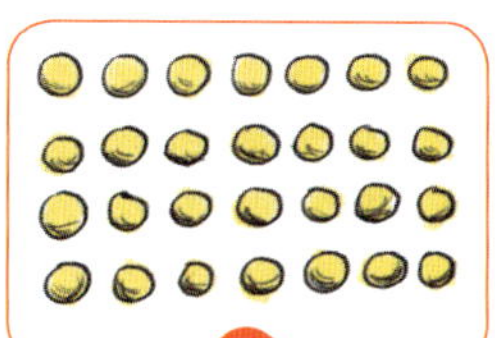
C

D

5 * **Dessine :**

a. 3 fois 5 triangles.
b. 2 fois 9 ronds.
c. 5 fois 5 croix.
d. 7 fois 3 cœurs.

6 * **Écris une multiplication qui correspond à chaque bouquet.**

a. 3 bouquets de 5 roses
b. 2 bouquets de 7 œillets
c. 2 bouquets de 9 tulipes
d. 4 bouquets de 3 lys
e. 5 bouquets de 5 pâquerettes

7 ** **Écris chaque addition sous la forme d'une multiplication et chaque multiplication sous la forme d'une addition.**

a. 4 + 4 + 4 + 4 + 4 + 4
b. 6 × 2
c. 7 × 5
d. 48 + 48 + 48 + 48
e. 8 × 4

Résoudre une situation de multiplication

8 * **Réponds à l'aide d'un schéma ou d'un calcul.**

a. Robin prépare 4 assiettes contenant chacune 6 asperges. Combien d'asperges prépare-t-il ?
b. Deux équipes de huit joueurs s'affrontent. Combien de joueurs y a-t-il ?

9 ** **Même exercice.**

a. M. Collet achète 3 packs de 6 bouteilles d'eau pétillante. Combien de bouteilles va-t-il rapporter ?
b. Les athlètes ont réalisé 8 courses de 7 minutes. Combien de minutes ont-ils couru ?

10 *** À son jeu vidéo, Louis a remporté 3 manches à 15 points, 8 manches à 9 points et 4 manches à 22 points. Combien de points a-t-il marqués ?

11 *** Sur une main, quatre doigts comportent chacun trois phalanges et un doigt comporte deux phalanges. En tout, combien de phalanges y a-t-il sur les doigts des deux mains ?

Défi Dans le cinéma de Calculbien, il y a 30 rangées de 9 places. Les places sont numérotées de 1 à 270, en commençant par le premier rang. Dans quelle rangée se trouve le siège 137 ?

Connaître et utiliser la technique opératoire de la multiplication (1)

Cherchons

La maîtresse a demandé à Pedro, Sonia et Lisa de calculer 14 × 6 en colonnes, mais les élèves se sont trompés.

→ **Peux-tu expliquer leurs erreurs ?**

▶ Pour **poser une multiplication en colonnes**, il faut :
- connaître par cœur les résultats des **tables de multiplication** ;
- commencer par **multiplier les unités**, puis les **dizaines**, puis les **centaines**, etc.

	1	4	8	④②
×			6	
	8	8	8	

6 × 8 = 48. J'écris 8 et je retiens 4.
6 × 4 = 24. 24 plus la retenue 4 font 28.
J'écris 8 et je retiens 2.
6 × 1 = 6. 6 plus la retenue 2 font 8.
J'écris 8.

Multiplier par un nombre à un chiffre : technique opératoire

1 * **Effectue ces multiplications.**

		2	4
×			3

	4	7	1
×			2

2 * **Pose et effectue ces multiplications.**

a. 13 × 5
26 × 3
234 × 3
347 × 2
241 × 4

b. 14 × 7
53 × 9
138 × 2
151 × 6
197 × 5

3 * Nouria a confectionné 5 boîtes de 56 chocolats. Combien de chocolats a-t-elle utilisés ?

4 * Le requin mako est le plus rapide des requins. Il peut parcourir 75 km en une heure. S'il nage pendant 4 heures, combien de kilomètres parcourra-t-il ?

5 * * **Pose et effectue ces multiplications.**

a. 154 × 3
815 × 5
672 × 4

b. 258 × 2
176 × 5
704 × 3

6 * * Dans le répertoire de la mère de Paul, il y a 148 numéros de téléphone. Dans celui de son père, il y en a le triple. Combien de numéros y a-t-il dans le répertoire de son père ?

7 * * Des jardiniers ont planté quatre massifs de 27 rosiers. Combien de rosiers ont-ils plantés ?

8 * * **Pose et effectue ces multiplications.**

a. 51 × 6
108 × 8
118 × 9

b. 571 × 9
327 × 7
872 × 6

9 * * Une femelle hamster peut avoir en moyenne 8 petits par portée et cela tous les mois. Combien de petits une femelle hamster peut-elle avoir en 18 mois ?

10 * * Le grand orgue de Notre-Dame de Paris est le plus grand de France. Il comporte 5 claviers de 56 notes. Combien de notes compte-t-il en tout ?

11 * * Un hôtelier décide de remplacer les téléviseurs installés dans chacune de ses huit chambres. Un téléviseur coûte 159 €. Combien devra-t-il payer pour les remplacer tous ?

12 * * Pour accueillir le public d'une pièce de théâtre en plein air, les organisateurs installent 7 rangées de 158 chaises. Combien de spectateurs pourront s'asseoir ?

13 * * * **Pose et effectue ces multiplications.**

a. 1 753 × 3
4 268 × 5
3 089 × 4

b. 6 952 × 7
8 644 × 9
3 978 × 6

14 * * * Le directeur d'un camping a installé un récupérateur d'eau de pluie pour arroser une partie de son terrain. Le récupérateur peut contenir jusqu'à 2 935 litres. S'il installait six récupérateurs d'eau sur toute la surface du camping, quelle quantité d'eau de pluie pourrait-il stocker ?

15 * * * Le propriétaire d'un golf reçoit 3 cartons de 1 655 balles et 7 cartons de 2 185 balles. Combien de balles reçoit-il au total ?

Défi Voici une suite logique de nombres :

5 – 15 – 12 – 48 – 44 – …

Quel est le nombre suivant ?

Connaître et utiliser la technique opératoire de la multiplication (2)

Pendant son baptême de l'air en montgolfière, Jérémy compte le nombre de fleurs de ce champ.

Cherchons

→ **Combien de fleurs y a-t-il par ligne ? Par colonne ? Écris la multiplication qui correspond au nombre total de fleurs.**

→ **Jérémy dit que pour connaître le nombre de fleurs rouges, il calcule 21 × 3. Es-tu d'accord avec lui ?**

→ **Quelle multiplication doit-on faire pour calculer le nombre de fleurs jaunes ?**

Pour **multiplier par un nombre à deux chiffres**, on **multiplie** d'abord par les **unités**, puis par les **dizaines**.

	1	6	2	② ①
×		2	4	
	6	4	8	
3	2	4	•	
3	8	8	8	

1 Je multiplie par les unités : 162 × 4 unités
4 × 2 = 8 J'écris 8.
4 × 6 = 24 J'écris 4 et je retiens 2.
4 × 1 = 4 4 plus la retenue 2 font 6.

2 Je multiplie par les dizaines : 162 × 2 dizaines
Je décale la 2e ligne vers les dizaines.
2 × 2 = 4 J'écris 4.
2 × 6 = 12 J'écris 2 et je retiens 1.
2 × 1 = 2 2 plus la retenue 1 font 3.

3 J'additionne les deux produits.

Multiplier par un nombre à deux chiffres : technique opératoire

1 * **Effectue ces multiplications.**

49 × 12 67 × 35 123 × 45 718 × 26 659 × 78

2 * **Pose et effectue ces multiplications.**

a. 31 × 13
29 × 12
43 × 22

b. 120 × 41
450 × 15
180 × 21

3 * La Princesse au petit pois dort sur 23 matelas. Si chaque matelas fait 25 cm d'épaisseur, à quelle distance du sol la princesse dort-elle ?

4 * Pour une fondue bourguignonne, on prévoit 250 grammes de viande par personne. Quelle quantité de viande faut-il pour une table de 14 personnes ?

5 * Pour fêter les vacances, un chef d'entreprise offre une boîte de 48 nougats à chacun de ses 21 employés. Combien de nougats a-t-il offerts ce jour-là ?

6 * Océane a fait 18 longueurs dans une piscine de 25 m de long. Combien de mètres Océane a-t-elle parcourus ?

7 ** **Pose et effectue ces multiplications.**

a. 87 × 34
72 × 43
56 × 28

b. 347 × 23
127 × 64
459 × 17

8 ** **Pose et effectue ces multiplications.**

a. 790 × 49
698 × 19
801 × 42

b. 404 × 31
902 × 29
598 × 79

9 ** Maïa est passionnée de fleurs ! Elle a déjà confectionné 29 herbiers de 165 fleurs chacun. Combien de fleurs a-t-elle fait sécher au total ?

10 ** Pour laver une voiture à la main, on utilise environ 350 litres d'eau. Combien de litres d'eau faut-il pour laver deux voitures, une fois par mois, pendant un an ?

11 *** **Complète la commande faite par la directrice de la crèche.**

Article	Quantité	Prix à l'unité	Prix total
Paquet de couches	76	14 €	
Paquet de 4 tétines	24	12 €	
Boîte de lait	19	15 €	
		TOTAL	

12 *** **Pose et effectue ces multiplications.**

a. 789 × 58
248 × 89
617 × 75

b. 1 286 x 72
2 498 × 29
1 669 × 38

13 *** Pendant deux semaines, matin et soir, Yoann apporte des provisions à ses grands-parents. Le chemin entre sa maison et la leur mesure exactement 895 m. Combien de mètres aura-t-il parcourus au bout des deux semaines ?

Défi **Observe cette suite d'égalités et trouve la suivante.**

240 × 13 = 120 × 26 = 60 × 52 = … × …

Calcul

Révisions

Reconnaître une situation de multiplication

1 * **Choisis l'étiquette qui correspond à chaque quantité.**

a. 3 paquets de 25 règles
3 + 25 règles | 3 fois 25 règles

b. 4 stylos rouges et 13 stylos bleus
4 + 13 stylos | 4 fois 13 stylos

c. 15 grands cahiers et 30 petits cahiers
15 + 30 cahiers | 15 fois 30 cahiers

d. 37 boîtes de 60 craies
37 + 60 craies | 37 fois 60 craies

e. 2 sachets de 10 gommes
2 + 10 gommes | 2 fois 10 gommes

f. 5 bandes dessinées et 18 romans
5 + 18 livres | 5 fois 18 livres

Comprendre une situation de multiplication

2 * **Écris une multiplication correspondant à chaque dessin.**

A

B

C

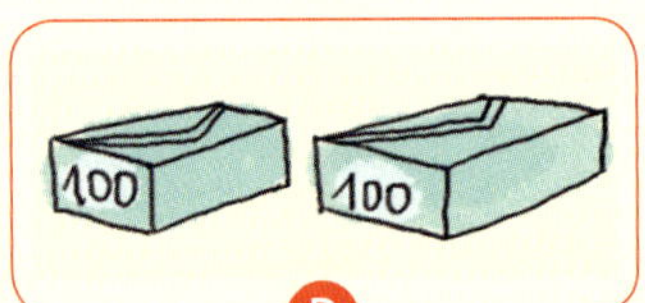

D

E

3 ** **Écris chaque addition sous la forme d'une multiplication et chaque multiplication sous la forme d'une addition.**

a. 6 + 6 + 6 + 6 + 6 + 6
b. 3×5
c. 8×2
d. 8 + 8 + 8 + 8
e. 74 + 74 + 74
f. 29×4

4 *** **Écris les deux additions et les deux multiplications qui correspondent à chaque dessin.**

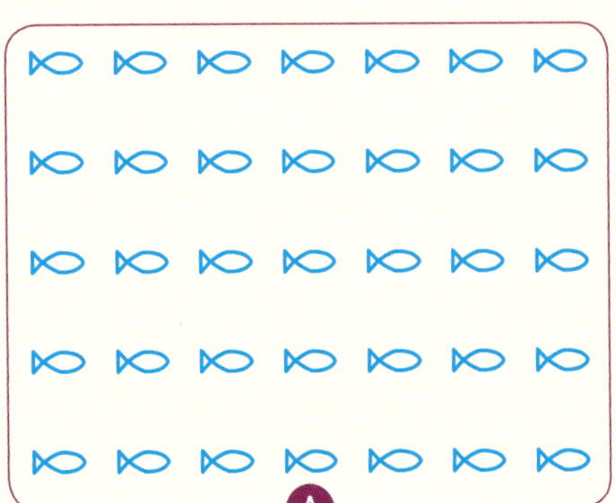
A

B

Résoudre une situation de multiplication

5 * Les enfants des classes maternelles ont fait cuire des cookies pour la fête de l'école. Ils ont rempli 5 boîtes de 9 cookies. Combien de cookies ont-ils préparés ?

Multiplier : technique opératoire

6 * **Pose et effectue ces multiplications.**

a. 47 × 3	**b.** 174 × 5	**c.** 758 × 5
24 × 5	283 × 4	524 × 3
36 × 4	262 × 3	682 × 4

7 * Sandra a 28 ans. Sa grand-mère en a le triple. Quel âge sa grand-mère a-t-elle ?

8 * Pour échapper à ses prédateurs et se déplacer d'arbre en arbre, la grenouille Wallace est capable de réaliser d'incroyables vols planés.

Si elle fait 15 vols planés de 9 mètres, combien de mètres aura-t-elle parcourus ?

9 * **Pose et effectue ces multiplications.**

a. 74 × 8	**b.** 147 × 6	**c.** 695 × 7
92 × 9	226 × 8	856 × 8
68 × 6	437 × 7	918 × 7

10 * Maëlle confectionne des bracelets. Chaque bracelet comporte 75 perles. Combien de perles lui faudra-t-il pour fabriquer un bracelet à chacune de ses 8 cousines ?

11 * **Pose et effectue ces multiplications.**

a. 327 × 34	**b.** 245 × 29
104 × 53	345 × 17
943 × 25	452 × 26

12 * Alexis a 4 boîtes de 144 cubes. Combien de cubes possède-t-il ?

13 * Les élèves d'une classe de CP réalisent une mosaïque représentant un bord de mer. Ils font des rangées de 257 carreaux de grès bleu. Ils ont déjà fait 17 rangées. Combien de carreaux ont-ils utilisés ?

14 ** **Pose et effectue ces multiplications.**

a. 146 × 72	**b.** 859 × 84
574 × 36	949 × 57
349 × 28	386 × 94

15 ** Le molosse de Cestonie est une chauve-souris qui bat des ailes 16 fois par seconde ! Combien de fois battra-t-elle des ailes en 3 minutes ?

Rappelle-toi : 1 minute = 60 secondes.

16 *** Aux championnats du monde de tir à l'arc, l'archer se positionne à 4 distances différentes de la cible. À chaque distance, il tire 6 séries de 6 flèches. Combien de flèches tire-t-il en tout ?

17 *** **Pose et effectue ces multiplications.**

a. 1 458 × 4	**b.** 1 088 × 58
3 572 × 3	1 691 × 46
7 843 × 5	2 049 × 27

Problèmes : la multiplication

1 * En Europe, un match de basket-ball s'organise en 4 quarts-temps de 12 minutes chacun. Combien de temps un match dure-t-il ?

2 * Naomi est déçue : son paquet de gommettes contient 28 gommettes, mais celui de son amie Lucie en contient 7 fois plus ! Combien de gommettes le sachet de Lucie contient-il ?

3 * Une pharmacie reçoit 8 457 boîtes du médicament Soignetou. Chaque boîte contient une plaquette de 7 gélules. Combien de gélules la pharmacie a-t-elle en stock ?

4 * On peut voyager en voiture de Paris à Moscou en 8 étapes de 357 km.
Quelle distance parcourt-on si on effectue ce trajet ?

5 * Combien de pattes compte-t-on dans un troupeau de 3 574 moutons ?

6 * * Le plus grand immeuble de la ville a 98 étages. Il y a 62 fenêtres par étage. Combien de fenêtres l'immeuble a-t-il en tout ?

7 * * La bibliothèque de la ville achète 71 nouveaux livres à 19 € l'un. Quelle somme la bibliothèque devra-t-elle payer ?

8 * * Lors du défilé de carnaval, Yasmine a compté 47 rangées de 14 personnes déguisées. Combien de personnes participaient au défilé ce jour-là ?

9 * * Le propriétaire d'un centre aquatique veut refaire le carrelage de ses douze vestiaires. Un artisan a calculé qu'il faudrait 738 carreaux pour carreler un vestiaire. Sachant que les vestiaires ont tous la même taille, combien de carreaux faut-il pour tous les carreler ?

10 * * Le panda géant peut manger jusqu'à 15 kg de bambou par jour. Combien de kilogrammes de bambou les 1 600 pandas géants de Chine peuvent-ils manger en un seul jour ?

11 * * Pour son anniversaire, Alexandre a eu une encyclopédie composée de 8 tomes de 49 pages chacun.

a. Combien de pages cette encyclopédie contient-elle au total ?

b. Sachant que l'encyclopédie de ses parents est 6 fois plus volumineuse, combien de pages celle-ci contient-elle ?

12 ** Voici le plan d'un jardin ouvrier.

Chaque usager dépense environ 155 € par an pour l'entretien de son potager.
Quelle somme d'argent est dépensée au total pour tout le jardin chaque année ?

13 ** Le responsable d'un magasin reçoit 359 paquets de lettres magnétiques. Chaque paquet contient toutes les lettres de l'alphabet. Combien de lettres magnétiques le responsable a-t-il reçues au total ?

14 ** De septembre à juin, les élèves de CE2 de l'école Jean Jaurès publient un journal mensuel. Ils ont décidé d'écrire 36 articles par numéro. À la fin de l'année scolaire, combien d'articles auront-ils écrits ?

15 ** Les extraterrestres envahissent la Terre ! Douze vaisseaux verts contenant chacun 1 856 petits hommes verts et un vaisseau rouge contenant 2 657 petits hommes rouges se posent partout sur la Planète. Combien d'extraterrestres ont débarqué ?

16 ** Les parents d'Issa ont fait des albums photos des différents événements de la vie de la famille. Ils ont 9 albums de 228 photos. Combien de photos la famille possède-t-elle ?

17 ** Le patron d'un magasin de jeux vidéo commande 28 consoles à 279 € l'une et 8 jeux à 48 € l'un.

a. Combien paie-t-il pour les jeux vidéo ?
b. Combien paie-t-il pour les consoles ?
c. Combien paie-t-il en tout ?

18 *** Un orchestre philharmonique donne un concert.

Orchestre philharmonique
Place 1re catégorie : 28 €
Place 2e catégorie : 23 €
Place 3e catégorie : 19 €

La billetterie a vendu :
– 786 places de 1re catégorie ;
– 1 049 places de 2e catégorie ;
– 294 places de 3e catégorie.

Quelle somme l'orchestre a-t-il gagnée ce soir-là ?

19 *** En février 2011, sur la mer Baltique gelée, en Estonie, on a ouvert une route longue de 26 km qui permettait de relier l'île de Hiiumaa au continent !

Si une personne a fait l'aller-retour chaque jour sur cette route, combien de kilomètres a-t-elle parcourus en une semaine ?

Calcul

Problèmes : l'addition, la soustraction et la multiplication

1 * Chloé avait un classeur de 147 fiches de découverte des animaux. Son grand-père lui offre un complément de 54 fiches. Combien de fiches possède-t-elle ?

2 * Joey la nippe a dérobé 2 868 diamants. Mais son sac était troué et il ne lui reste que 889 diamants lorsqu'il rentre chez lui. Combien de pierres précieuses a-t-il perdues en chemin ?

3 * Dans son aquarium, Julie a 48 poissons. Il y en a 159 de moins que dans le bassin de son jardin. Combien de poissons y a-t-il dans le bassin ?

4 * Louis Pasteur, célèbre chimiste et biologiste français, est né en 1822 et décédé en 1895. Il inventa le vaccin contre la rage en 1885.

a. Combien d'années a-t-il vécu ?

b. Quel âge avait-il lorsqu'il mit au point le vaccin contre la rage ?

5 * Le paresseux est l'un des animaux les plus lents ! Il se déplace à la vitesse maximale de 3 mètres par minute.
Combien de mètres pourra-t-il parcourir s'il se déplace pendant une heure ?

Rappelle-toi : 1 h = 60 min.

6 * Pour veiller sur sa tombe, l'empereur de Chine Qin fit construire une armée en terre cuite, composée de milliers de guerriers à taille humaine. En 1974, on déterra les premières statues.
Les trois premières rangées comportaient chacune 68 guerriers. Combien de statues cela représente-t-il ?

7 ** Ce matin, dans les vergers de M. Compotine, les cueilleurs ont ramassé 456 pêches et 578 prunes. Cet après-midi, ils ont encore cueilli 843 abricots. Combien de fruits ont-ils ramassés aujourd'hui ?

8 ** Pour le 14 juillet, le maire de la ville installe 248 guirlandes de drapeaux français dans les rues. Chaque guirlande compte 39 drapeaux. Combien de drapeaux sont installés au total ?

9 ** Un vétérinaire pèse trois chiots qui sont nés dans la nuit.

- Le chiot labrador pèse 248 g de plus que le chiot chihuahua.
- Le chiot chihuahua pèse 377 g de moins que le chiot bouvier bernois.

a. Sachant que le chiot bouvier bernois pèse 501 g, quel est le poids du chiot chihuahua ?

b. Quel est le poids du chiot labrador ?

10 ** Un écrivain fait le compte des ventes de son dernier roman. En 2011, le livre s'est vendu à 17 845 exemplaires. Depuis sa parution, il s'est vendu à 32 053 exemplaires. Combien d'exemplaires ont été vendus avant 2011 ?

11 ** Pour présenter sa candidature aux élections présidentielles, il faut rassembler la signature de 500 élus français. Un candidat a recueilli 238 signatures, puis 144. A-t-il assez de signatures pour se présenter aux élections présidentielles ? Si non, combien lui en manque-t-il ?

12 ** Pour faire un nichoir à oiseaux, Alizée a besoin de 184 tiges d'osier de 47 cm. Quelle longueur totale d'osier doit-elle acheter pour sa construction ?

13 ** En France, une personne consomme environ 139 g de pain par jour. Combien de grammes de pain un Français consomme-t-il en moyenne par semaine ?

14 ** Le 11 novembre, 8 bouquets de 79 fleurs sont déposés au monument aux morts.

a. Combien de fleurs ont été nécessaires pour composer les 8 bouquets ?

b. Combien de fleurs faudrait-il pour composer 4 autres bouquets identiques aux premiers ?

15 *** Maxiville compte 89 fois plus d'habitants que Miville, qui compte elle-même 1 579 habitants de plus que Miniville. Sachant que Miniville a une population de 5 378 habitants :

a. Quelle est la population de Miville ?

b. Quelle est la population de Maxiville ?

16 *** En allant chez sa mère-grand, le Petit Chaperon rouge s'amuse sur le chemin.

- Elle part d'un bel arbre centenaire et fait 846 m en avant.
- Elle revient sur ses pas de 288 m pour ramasser sa cape tombée à terre, et avance à nouveau de 27 m.
- Puis elle repart en arrière de 579 m pour voir de plus près l'animal qu'elle entend au loin.

Finalement, combien de mètres la séparent de l'arbre ?

Calcul

Comprendre le sens de la division : groupements

Manon, Émeric et Quentin ont préparé 38 gaufres avec leur grand-mère.
Ils souhaitent faire des sachets de quatre gaufres.

Cherchons

→ **Que penses-tu de la réponse de la grand-mère ? De la réponse de Manon ? Et de celle d'Émeric ?**

→ **À ton avis, combien de sachets peuvent-ils faire au maximum ? Combien de gaufres restera-t-il ?**

- La **division** permet de **grouper en parts égales**.
  Ex. : Pierre veut ranger 24 biscuits dans des boîtes de 6.
  $6 \times 4 = 24$. Pierre remplira 4 boîtes.
  $6 \times 4 = 24$ peut s'écrire $24 : 6 = 4$. Cela se lit « 24 **divisé par** 6 égale 4 ».
- Parfois, **après avoir formé les parts, il reste une quantité**, trop petite pour faire une nouvelle part : c'est le **reste**.
  Ex. : Pierre veut ranger 27 biscuits dans des boîtes de 6. → **27 : 6**

24	25	26	27	28	29	30	31
6×4						6×5	

27 est compris entre 6×4 et 6×5.
$27 = (6 \times 4) + 3$. Pierre remplira 4 boîtes et il restera 3 biscuits.
↑ reste

Comprendre une situation de groupement

1 * Laurine a ramassé 33 coquillages. Elle veut les regrouper par sachets de quatre.

a. Entoure les sachets possibles.
b. Complète : *Dans 33, il y a … fois 4 ; il reste … .* → *33 = (… × 4) + …*

Diviser sans reste

2 * **a.** Dans 15, combien de fois 3 ?
b. Dans 36, combien de fois 6 ?
c. Dans 45, combien de fois 5 ?
d. Dans 72, combien de fois 8 ?
e. Dans 49, combien de fois 7 ?

3 ** **Calcule et justifie comme dans l'exemple.**

45 : 9 = 5 car 45 = 9 × 5

a. 32 : 4
b. 14 : 7
c. 64 : 8
d. 54 : 6
e. 81 : 9
f. 56 : 7

4 ** Audrey veut ranger ses 40 barrettes dans des sachets. Combien peut-elle faire de sachets de 5 barrettes ? De 8 barrettes ? De 10 barrettes ?

5 *** Sachant qu'une souris mange en moyenne 5 g de nourriture par jour, combien de souris peut-on nourrir chaque jour avec un sac d'1 kg de nourriture ?

1 kg = 1 000 g

Diviser avec ou sans reste

6 * **Réponds aux questions par un encadrement.**

Ex. : Dans 47, combien de fois 5 ?
→ (5 × 9) < 47 < 5 × 10
Donc il y a 9 fois 5 dans 47.

a. Dans 29, combien de fois 7 ?
b. Dans 17, combien de fois 3 ?
c. Dans 36, combien de fois 8 ?
d. Dans 30, combien de fois 9 ?
e. Dans 44, combien de fois 5 ?

7 ** **Complète.**

a. 23 = (7 × …) + …
b. 17 = (4 × …) + …
c. 86 = (9 × …) + …

8 ** **Calcule comme dans l'exemple.**

47 : 5 → (5 × 9) < 47 < 5 × 10
→ 47 = (5 × 9) + 2

a. 29 : 6
b. 22 : 5
c. 38 : 9
d. 74 : 8
e. 69 : 8
f. 54 : 7

9 ** **Réponds aux questions.**

Indique le reste s'il y en a un.

a. Combien de fioles de 10 cL peut-on remplir avec 80 cL d'eau ?
b. Combien de pansements de 8 cm peut-on couper dans une bande de 50 cm ?
c. Combien de livres à 9 € peut-on acheter avec 40 € ?
d. Combien de paquets de 100 trombones peut-on remplir avec 800 trombones ?

10 *** Pour la sortie scolaire, 58 enfants et 6 accompagnateurs feront le trajet dans des minibus de 15 places. Combien faut-il de minibus pour transporter tout le monde ?

Défi Aksana veut ranger ses 80 crayons dans des trousses. Elle veut faire des groupes qui contiennent tous le même nombre de crayons, sans qu'il lui en reste. Indique toutes les façons possibles de ranger les crayons d'Aksana.

Comprendre le sens de la division : partages

Des élèves plantent des graines de haricots pour étudier les végétaux. Le maître doit partager 32 graines entre 6 élèves.

Cherchons

→ **Si le maître donne 3 graines à chacun des 6 élèves, combien de graines restera-t-il ?**

→ **Peut-il donner 4 graines à chacun des 6 élèves ? 5 graines ? 6 graines ?**

→ **Combien de graines au maximum peut-il donner à chacun des six élèves ? Combien de graines restera-t-il ?**

La **division** permet de **partager en parts égales**.

Ex. : Anaé veut partager équitablement 62 tulipes entre ses 8 cousines. → **62 : 8** (8 : **diviseur**)

54	55	56	57	58	59	60	61	62	63	64	65
		8×7								8×8	

62 est compris entre 8×7 et 8×8.

$62 = (8 \times 7) + 6$. Chaque cousine aura 7 tulipes et il en restera 6.

(7 : **quotient** ; 6 : **reste**)

Attention : le reste doit toujours être inférieur au diviseur.

Comprendre une situation de partage

1 * Trois écureuils se partagent les 26 noisettes qu'ils ont ramassées.

a. Partage les noisettes entre les trois écureuils.

b. Complète : *Dans 26, il y a … fois 3 ; il reste … .* → *26 = (… × 3) + …*

Partager sans reste

2 * **Calcule et justifie comme dans l'exemple.**

72 : 8 = 9 car 72 = 8 × 9.

a. 56 : 8 **d.** 45 : 5
b. 36 : 4 **e.** 27 : 3
c. 81 : 9 **f.** 42 : 7

3 * Un escargot parcourt en moyenne 30 mètres en 6 heures. Combien de mètres parcourt-il en moyenne en 1 heure ?

4 ** Pour prendre l'avion, le poids de chaque bagage à main ne doit pas dépasser 12 kg. Une famille part avec 5 bagages à main qui ont tous le même poids. Lorsque Auriane pèse les 5 bagages ensemble, la balance affiche 45 kg. Chaque bagage est-il assez léger pour être gardé en cabine ?

5 ** Sachant qu'une file de 9 tortues musquées mesure 72 cm, combien de centimètres mesure une tortue en moyenne ?

Partager avec ou sans reste

6 * **Écris les nombres de 10 à 50.**

a. Entoure les nombres que l'on peut partager en 8 sans qu'il y ait un reste.
b. Souligne les nombres que l'on peut partager en 8 avec un reste de 3.

7 ** **Calcule ces divisions comme dans l'exemple.**

84 : 9 → (9 × 9) < 84 < 9 × 10
→ 84 = (9 × 9) + 3

a. 30 : 9 **c.** 25 : 4
b. 66 : 7 **d.** 37 : 5

8 ** **Réponds aux questions et indique le reste s'il y en a un.**

a. Si on répartit une classe de 27 élèves en 3 équipes, combien d'élèves y aura-t-il dans chaque équipe ?
b. Si on partage 60 stickers entre 8 enfants, combien de stickers aura chaque enfant ?

9 ** Pour jouer à la bataille, Nicolas partage des cartes entre 6 enfants. Il veut savoir combien de cartes il doit donner à chacun et combien de cartes il lui restera.

Attention : le nombre de cartes à distribuer change.

Complète ce tableau.

Nombre de cartes à distribuer	32	33	34	35	36	37	38	39	40	41	42	43	44	45	46	47	48
Nombre de cartes reçues par chaque enfant	*5*	*5*															
Reste	*2*	*3*															

Défi Six amis ramassent 48 marrons. Combien de marrons Célia aura-t-elle ?

Connaître et utiliser une technique opératoire de la division (1)

Une maman ogre a posé sur la table 7 piles de 10 tartelettes et 4 tartelettes supplémentaires pour ses ogrions Mangetou, Dévortou et Avaltou.

Cherchons

❶ Les trois ogrions se partagent d'abord les piles de 10.
→ **Combien de piles ont-ils chacun ? Combien de piles reste-t-il ?**

❷ Ils étalent les 10 tartelettes de la dernière pile sur la table, à côté des 4 tartelettes déjà présentes. Ils se partagent alors les 14 tartelettes.
→ **Combien de tartelettes ont-ils chacun ?**

❸ → **Au total, combien de tartelettes a chaque ogrion ? Combien en reste-t-il ?**

Pour **poser une division**, il faut :
- écrire l'opération dans une potence ;
- effectuer le calcul de gauche à droite.

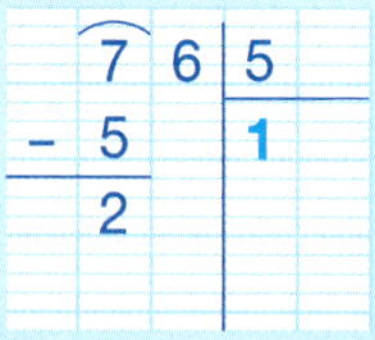

1 Je partage les dizaines :
Dans 7, combien de fois 5 ?
5 × **1** = 5. J'écris **1** au quotient.
Je retire les 5 dizaines distribuées.
7 – 5 = 2. Il reste 2.

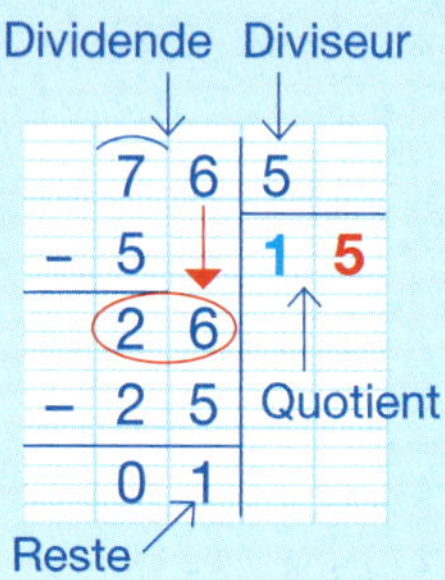

2 Je partage les unités :
J'abaisse les 6 unités du dividende.
Dans 26, combien de fois 5 ?
5 × **5** = 25. J'écris **5** au quotient.
Je retire les 25 unités distribuées.
26 – 25 = 1. Il reste 1.

Pour calculer les restes, **on peut effectuer les soustractions mentalement.**

Attention : à la fin de l'opération, le reste doit être inférieur au diviseur.

Diviser : technique opératoire

1 * **Effectue ces divisions.**

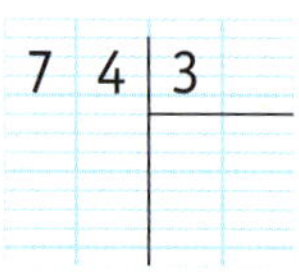

2 * **Pose et effectue ces divisions.**

a. 94 : 4
61 : 5
48 : 3
76 : 4

b. 65 : 3
85 : 4
95 : 5
51 : 3

3 * Les grands-parents d'Alexandre, de Youri et de Karine ramassent 53 cerises dans leur jardin et veulent les partager entre leurs 3 petits-enfants. Combien de cerises chaque enfant aura-t-il ? Combien de cerises restera-t-il après le partage ?

4 * **Effectue ces divisions et indique le reste s'il y en a un.**

Pose les divisions uniquement quand c'est nécessaire.

a. 35 : 5	**b.** 59 : 4
84 : 3	22 : 2
17 : 3	75 : 5

5 * Charly part en vacances. Au bout de trois jours, il a parcouru 936 km. Combien de kilomètres a-t-il parcourus en moyenne chaque jour ?

6 ** **Pose et effectue ces divisions.**

a. 457 : 3	**b.** 729 : 4
574 : 4	682 : 3
941 : 5	855 : 5
667 : 3	964 : 4
732 : 4	583 : 5

7 ** Sachant qu'un volant de badminton pèse 5 grammes, combien de volants y a-t-il dans un lot pesant 685 grammes ?

8 ** Un parc animalier a engagé quatre vétérinaires pour s'occuper des 552 animaux. S'ils se partagent équitablement le nombre d'animaux, combien d'animaux chaque vétérinaire soignera-t-il ?

9 ** **Pose et effectue ces divisions.**

a. 745 : 6	**b.** 668 : 6
862 : 7	779 : 7
937 : 8	999 : 9
849 : 7	666 : 5
976 : 8	898 : 6

10 ** Avec 82 roses, Anne et Vincent font des bouquets. Combien peuvent-ils faire de bouquets de 6 roses ? De bouquets de 7 roses ?

11 *** **Pose et effectue ces divisions.**

a. 5 876 : 4	**b.** 9 697 : 8
6 473 : 5	7 595 : 6
4 379 : 3	8 668 : 7
8 762 : 5	9 672 : 6
4 373 : 3	8 985 : 8

12 *** Un papetier a 4 655 cartes de vœux. Il veut faire des pochettes de 3 cartes et offrir les cartes restantes au premier client qui achètera une pochette.

a. Combien de pochettes les employés peuvent-ils préparer ?

b. Combien de cartes aura le premier acheteur s'il achète une seule pochette ?

Défi **Complète cette division avec les nombres 0, 1, 2, 3, 4, 5.**

Attention ! Tu dois effectuer les soustractions dans ta tête.

Connaître et utiliser une technique opératoire de la division (2)

Un confiseur a préparé des sachets de 10 caramels et des boîtes de 100 caramels, contenant chacune 10 sachets.
Six camarades viennent acheter 1 boîte de 100 caramels et 8 sachets de 10.

Cherchons

→ **Comment vont faire les six camarades pour se partager la boîte de 100 ?**

→ **Combien de sachets de 10 devront-ils donc partager au total ?**

→ **Finalement, combien de caramels chacun aura-t-il ?**

▶ Certaines situations de division sont particulières.

```
  2 4 2 | 8
- 2 4   | 3
    0   |
```

1 Je partage les centaines :
Il n'y a pas assez de centaines pour les diviser par 8.

2 Je partage les dizaines :
Dans 24, combien de fois 8 ?
8 × **3** = 24. J'écris **3** au quotient.
Je retire les 24 dizaines distribuées.
24 – 24 = 0. Il reste 0.

```
Dividende  Diviseur
  2 4 2 | 8
- 2 4 ↓ | 3 0
    0 2 |
-     0 | Quotient
      2 |
Reste
```

3 Je partage les unités :
J'abaisse les 2 unités du dividende.
Dans 2, combien de fois 8 ?
8 × **0** = 0. J'écris **0** au quotient.
2 – 0 = 2. Il reste 2.

▶ Pour calculer les restes, **on peut effectuer les soustractions mentalement**.

▶ On peut vérifier le résultat d'une division par un calcul :

diviseur × quotient + reste = dividende

Ex. : (8 × 30) + 2 = 240 + 2 = 242

Vérifier le résultat d'une division

1 * **Indique les lignes du tableau qui sont justes. Tu peux t'aider de ta calculatrice.**

	Dividende	Diviseur	Quotient	Reste
A	38	5	7	1
B	2 025	9	225	0
C	4 259	3	1 419	2
D	7 951	8	993	6

diviseur × quotient + reste = dividende

2 ** **Ces opérations sont-elles justes ? Réponds sans refaire les divisions.**

A
```
  1 6 7 | 4
- 1 6   |-----
        | 4 1
    0 7
  -   4
      3
```

B
```
  3 4 7 1 | 5
- 3 0     |------
          | 6 9 5
    4 7
  - 4 5
      2 1
    - 2 0
      0 1
```

Diviser : technique opératoire

3 * **Pose et effectue ces divisions.**

a. 83 : 4	**b.** 129 : 5	**c.** 841 : 3
92 : 3	245 : 4	482 : 4
61 : 2	191 : 2	521 : 5

4 * Au fil des années, Alexia a accumulé 138 euros dans sa tirelire. Ondine, sa petite sœur, a 3 fois moins d'argent. Quelle somme Ondine a-t-elle ?

5 ** En France, le président est élu pour 5 ans : c'est la durée du mandat présidentiel. Un Français vit en moyenne 82 ans. Combien de mandats présidentiels se déroulent pendant la durée moyenne de vie d'un Français ?

6 **

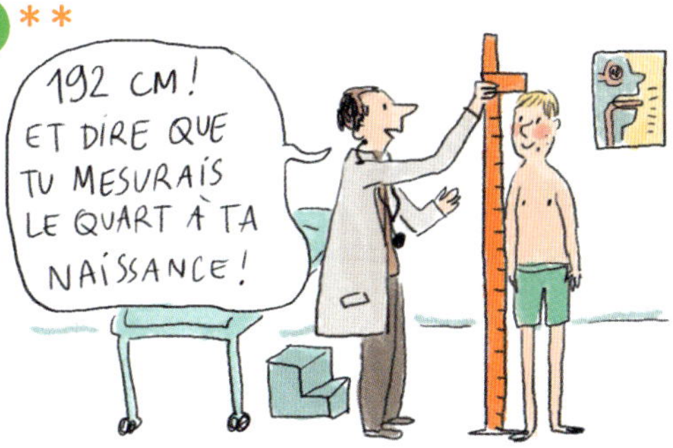

Quelle était la taille de Jérôme à la naissance ?

7 ** **Pose et effectue ces divisions.**

a. 142 : 6	**b.** 825 : 8
169 : 8	994 : 9
223 : 7	612 : 6

8 ** Les six premiers tomes de la BD *Titeuf* regroupent au total 276 planches. Sachant qu'ils contiennent tous le même nombre de planches, combien de planches un tome contient-il ?

9 ** Quatre gardiens d'une banque doivent vérifier que les 174 coffres-forts sont bien fermés. Ils décident de se partager équitablement les coffres à vérifier et d'examiner ensemble ceux qui resteront après le partage.

Combien de coffres chacun vérifiera-t-il ? Combien en vérifieront-ils ensemble ?

10 *** **Pose et effectue ces divisions.**

a. 240 : 4	**b.** 1 587 : 5	**c.** 2 026 : 4
123 : 6	2 851 : 9	8 113 : 9
456 : 9	6 083 : 7	5 680 : 8

11 *** Un organisateur de voyages doit répartir équitablement 2 564 voyageurs dans 8 avions.

a. Combien de voyageurs y aura-t-il dans chaque avion ? Combien en restera-t-il ?

b. Sachant que les voyageurs qui restent iront dans le dernier avion, combien de voyageurs comptera cet avion ?

Défi Zéphir le lutin veut exposer sur ses étagères les pierres précieuses qu'il a ramassées. Pour cela, il souhaite former plusieurs tas qui contiennent tous la même quantité de pierres. Sachant qu'il possède 160 pierres, trouve dix façons différentes de former les tas.

Utiliser les touches des opérations de la calculatrice

Cherchons

Léon tape des opérations sur sa calculatrice.
Il dit qu'en appuyant sur les touches
[ON], [1], [3], [4], [5], [+], [2], [8], [7], [8] et [=],
il fait une addition.

→ **Es-tu d'accord avec lui ?**

→ **Si oui, quelle addition a-t-il faite ?**

→ **Tape la même chose que Léon sur ta calculatrice et écris le résultat que tu obtiens.**

- Une calculatrice sert à **effectuer un calcul rapidement**. Elle te permet aussi de **vérifier le résultat d'une opération**.
- Il faut bien connaître la fonction de chaque touche.

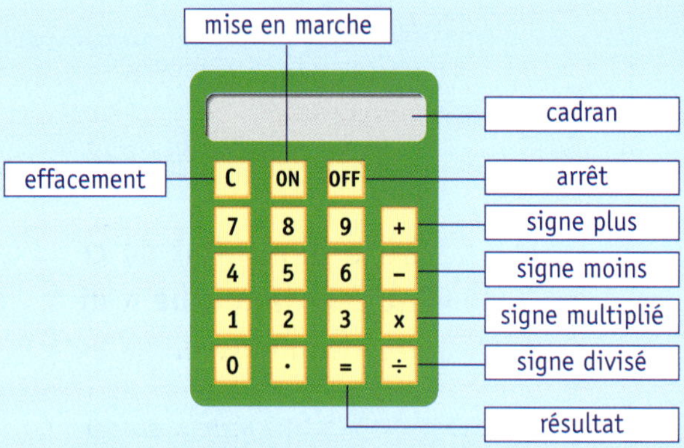

Attention : sur la calculatrice, le signe divisé peut être écrit [:], [÷] ou [/].

Connaître les touches de la calculatrice

1 * **Tape sur les touches suivantes de ta calculatrice, puis écris le résultat de l'opération.**

a. [ON] [3] [4] [5] [8] [+] [3] [6] [7] [7] [=]

b. [C] [6] [5] [1] [9] [+] [7] [5] [2] [5] [=]

c. [C] [5] [2] [8] [4] [–] [1] [3] [7] [8] [=]

d. [C] [6] [7] [1] [–] [3] [5] [8] [=]

e. [C] [9] [8] [5] [:] [5] [=]

f. [C] [5] [1] [9] [×] [7] [5] [2] [=]

Utiliser la calculatrice à bon escient

2 * **Essaie de calculer mentalement ces opérations. Si tu n'y arrives pas, utilise ta calculatrice.**

a. 345 + 25
b. 1 659 – 21
c. 3 245 + 6 542
d. 2 378 + 19
e. 34 567 – 4 654
f. 63 241 – 28 654

3 * **Essaie de calculer mentalement ces opérations. Si tu n'y arrives pas, utilise ta calculatrice.**

a. 25 × 3
b. 4 568 × 57
c. 100 : 2
d. 2 934 : 6
e. 81 : 9
f. 543 × 68

Utiliser la calculatrice pour effectuer des opérations

4 * **Effectue ces opérations à l'aide de ta calculatrice.**

a. 2 548 + 1 378	**b.** 25 489 – 13 867
3 966 – 3 199	11 367 + 27 654
7 326 + 592	58 655 – 34 187

5 * **Effectue ces opérations à l'aide de ta calculatrice.**

a. 459 × 28	**b.** 2 876 × 56
698 × 14	230 283 : 9
843 × 17	45 128 : 8

Utiliser la calculatrice pour vérifier un résultat

6 * **À l'aide de ta calculatrice, vérifie les résultats des opérations et indique s'ils sont justes ou faux.**

a. 749 + 456 = 1 205
b. 3 678 – 156 = 3 578
c. 856 × 3 = 5
d. 4 120 : 8 = 505

7 * **À l'aide de ta calculatrice, vérifie les réponses d'Antoine à ces problèmes. Corrige si la réponse est fausse.**

a. La Seine mesure 777 km de long. De Paris à la mer, elle mesure 365 km. Quelle est sa longueur en kilomètres, depuis le plateau de Langres, où elle prend sa source, jusqu'à Paris ?
Réponse : *La longueur de la Seine entre le plateau de Langres et Paris est de 440 km.*

b. Pour le départ en colonie de Valérie, sa mère lui achète :
- un maillot de bain à 18 € ;
- une serviette de plage à 26 € ;
- un sac de couchage à 47 €.

Quelle somme la mère de Valérie a-t-elle dépensée ?
Réponse : *La mère de Valérie a dépensé 90 €.*

8 * * **Recherche mentalement l'étiquette qui correspond au résultat, puis vérifie ton choix à l'aide de ta calculatrice.**

Évalue un ordre de grandeur.

a. 963 – 897	674	6	66
b. 3 478 + 1 698	1 756	7 651	5 176
c. 125 + 456 + 987	798	1 568	2 668

9 * * **À l'aide de ta calculatrice, vérifie la réponse de Morgane à ce problème, et corrige-la si elle est fausse.**

L'entrée du cirque est de 4 € par enfant.
Le directeur de l'école maternelle inscrit quatre classes de 24 élèves.
Combien coûtera la sortie pour l'ensemble de l'école ?
Réponse : *Il y a au total 96 élèves.*
La sortie coûtera 384 €.

10 * * * **Vérifie le résultat de ces divisions sans utiliser la touche « divisé ». Indique l'opération fausse.**

diviseur × quotient + reste = dividende

A

5 4 8	3
– 3	1 8 2
2 4	
– 2 4	
0 8	
– 6	
2	

B

8 8 9	4
– 8	2 2 2
0 8	
– 8	
0 9	
– 8	
2	

Défi Sur une calculatrice, trouve une opération dont le résultat affiche, en retournant la machine, le mot SOLEIL.

Commence par chercher le nombre qui te donne le mot SOLEIL lorsque tu retournes ta calculatrice.

Révisions

Grouper et partager

1 * M. Joly a ramassé 54 endives dans son jardin. Combien peut-il faire de gratins de 6 endives ?

2 * Avec 90 cL de lait, le cafetier sert 9 verres. Quelle quantité de lait contient chaque verre ?

3 * Louise a 64 autocollants qu'elle répartit équitablement sur ses 8 cahiers. Combien d'autocollants met-elle sur chaque cahier ?

4 * Combien de coffrets de 6 CD le disquaire peut-il préparer avec 55 CD ?

Vérifier le résultat d'une division

5 * **Indique les lignes du tableau qui sont justes. Aide-toi de ta calculatrice.**

	Dividende	Diviseur	Quotient	Reste
A	47	3	15	2
B	598	9	65	4
C	1 668	6	278	0
D	4 203	5	840	2

6 ** **Vrai ou faux ?**

Cherche la réponse sans effectuer de division.

a. 654 pommes mises dans des sachets de 8, cela fait 81 sachets et il reste 6 pommes.
b. 654 pommes mises dans des sachets de 4, cela fait 163 sachets et il reste 1 pomme.
c. 654 pommes mises dans des sachets de 6, cela fait 109 sachets et il ne reste rien.
d. 654 pommes mises dans des sachets de 5, cela fait 130 sachets et il ne reste rien.

Diviser : technique opératoire

7 * **Pose et effectue ces divisions.**

a. 89 : 3
73 : 5
51 : 4

b. 867 : 4
572 : 3
661 : 5

8 * **Calcule :**

a. le nombre de rubans de 7 cm que l'on peut couper dans une bobine de 80 cm.
b. le poids d'un quart d'un pain de 756 g.
c. le nombre de sachets de 5 bonbons que l'on peut faire avec 87 bonbons.

9 * Avant l'invention de l'imprimerie au XVe siècle, les livres étaient copiés à la main par des moines copistes. Sachant qu'un moine pouvait copier 3 pages par jour, combien de jours lui fallait-il pour copier un livre de 390 pages ?

10 * **Pose et effectue ces divisions.**

a. 6 469 : 5
5 018 : 4
7 447 : 3

b. 8 253 : 6
9 721 : 8
9 052 : 7

11 * Elias aime tellement son nouveau dessin animé qu'il l'a déjà regardé cinq fois : il y a consacré 615 minutes ! Combien de minutes dure son dessin animé ?

12 ** **Pose et effectue ces divisions.**

a. 174 : 5
503 : 6
847 : 9

b. 1 492 : 4
5 048 : 7
2 763 : 3

13 * * Une poutre de gymnastique a une longueur de 5 mètres. Combien de poutres de gymnastique peut-on fabriquer avec 264 mètres de poutre ? Combien de mètres de poutre restera-t-il ?

14 * * Au village indien, Grande Flèche est un très grand chasseur : au cours de sa vie, il est allé 6 360 fois à la chasse. Son petit-fils, Petite Flèche, y est allé 8 fois moins. Combien de fois Petite Flèche est-il parti à la chasse ?

15 * * Un fleuriste reçoit une caisse de 214 tulipes. Combien de tulipes restera-t-il lorsqu'il aura fait le maximum de bouquets de 7 tulipes ?

16 * * Combien d'équipes de 4 personnes peut-on former avec un groupe de 3 507 personnes ?

17 * * Svetlana est allée 74 fois à la piscine ces six derniers mois. Elle dit à son amie qu'elle va à la piscine environ 8 fois par mois. Es-tu d'accord avec elle ?

18 * * * Sachant qu'une abeille a 6 pattes, combien d'abeilles peut-on compter dans un essaim comportant 63 000 pattes ?

19 * * * **Pose et effectue ces divisions.**

a. 241 : 8
493 : 7
320 : 4

b. 4 531 : 5
1 824 : 6
2 708 : 9

20 * * * Romain, Célia, Aaron et Éléa se partagent 1 728 fraises. Éléa veut garder les fraises qui resteront pour sa petite sœur. Combien de fraises la petite sœur d'Éléa aura-t-elle ?

Utiliser les touches de la calculatrice

21 * **À l'aide de ta calculatrice, vérifie la réponse de Justin à ce problème et corrige-la si elle est fausse.**

> L'animatrice du centre aéré reçoit 168 crayons de couleur. Elle les range dans des boîtes de 6.
> Combien de boîtes aura-t-elle ?
> **Réponse :** *L'animatrice aura 34 boîtes.*

22 * * **Vérifie le résultat de ces divisions sans utiliser la touche « divisé ».**

A

7	1	4	6	
− 6			1 1 9	
1	1			
−	6			
	5	4		
−	5	4		
	0	0		

B

1	4	0	8	5
− 1	0			2 8 0
	4	0		
−	4	0		
		0	8	
	−		0	
			8	

23 * * * **À l'aide de ta calculatrice, vérifie la réponse de Yanis à ce problème.**

> L'entrée de l'aquarium de La Rochelle coûte :
> – 10 € pour les moins de 17 ans ;
> – 13 € pour les autres.
> Combien paiera une famille de 6 personnes composée des 2 parents, du fils aîné de 19 ans et des 3 frères et sœurs de 15, 12 et 10 ans ?
> **Réponse :** *La famille paiera 70 €.*

Problèmes : la division

1 * Laure partage de façon égale 60 cL de jus de raisin entre ses trois garçons. Quelle quantité de jus de raisin aura chaque enfant ?

2 * Mme Lacouture fabrique des vestes. Chaque veste comporte 5 boutons. Sachant qu'elle possède 97 boutons en réserve, combien de vestes pourra-t-elle fabriquer ?

3 * Le cirque Larigolade a un stock de 65 quilles. Si 9 jongleurs se partagent ces quilles, combien chacun en aura-t-il ?

4 * Pour faire un bol de chocolat chaud, il faut 3 cuillerées de cacao en poudre. Combien peut-on préparer de bols de chocolat chaud avec 294 cuillerées ?

5 * Pendant une émission qui regroupe plusieurs candidats à une élection présidentielle, chaque candidat dispose du même temps de parole que ses adversaires politiques. Dans une émission de 120 minutes regroupant 8 candidats, combien de minutes chaque candidat aura-t-il pour parler ?

6 ** Le Pentagone est un bâtiment de Washington qui abrite le département de la Défense des États-Unis. Ses cinq côtés ont tous la même longueur. Sachant que son périmètre mesure 1 400 mètres, quelle est la longueur, en mètres, de chacun de ses côtés ?

7 ** Sur ses 8 tentacules, une pieuvre possède au total 1 600 ventouses. Combien de ventouses y a-t-il environ sur chaque tentacule ?

8 ** En seulement 6 minutes, une araignée peut tisser 3 m de fil pour sa toile ! Combien de centimètres de fil tisse-t-elle en une minute ?

3 m = 300 cm

9 ** Au supermarché, des pommes sont emballées dans des sacs de 1 kg. Sachant que l'on trouve en moyenne 5 pommes dans chaque sachet, combien de grammes une pomme pèse-t-elle ?

1 kg = 1 000 g

10 ** La mère d'Axel a acheté un paquet de céréales de 385 g. Pour que ce paquet permette à Axel de prendre son petit-déjeuner chaque jour de la semaine, combien de grammes doit-il mettre dans son bol chaque matin ?

11 ** Un promoteur immobilier veut partager un terrain de 3 900 m² en six propriétés. Quelle sera la taille, en m², de chaque propriété ?

12 ** Dans la mer Morte, l'eau est très salée : chaque litre d'eau contient environ 259 g de sel. C'est sept fois plus que dans l'océan. Quelle quantité de sel y a-t-il dans un litre d'eau d'un océan ?

Cristaux de sel formés sur les bords de la mer Morte.

13 ** Noan paie 74 € pour l'achat d'un porte-clés à 2 € et de 6 DVD. Quel est le prix d'un DVD ?

14 *** Une école de 178 élèves part en classe de mer.

a. Les enfants dorment dans des chambres de 4 lits. Combien de chambres sont nécessaires ?

b. Ils veulent organiser une sortie sur des voiliers pouvant accueillir 9 élèves à la fois. Combien de bateaux faudra-t-il pour emmener tous les enfants en même temps ?

15 *** Émilie, Auriane et Margot ont ramassé des coquelicots dans un champ avec leur petite sœur Manon. Les trois grandes sœurs veulent se partager en parts égales les coquelicots ramassés et donner le reste à Manon. Quel que soit le nombre de fleurs ramassées, combien Manon pourra-t-elle avoir de coquelicots au maximum ?

16 *** Une fourmi noire mesure environ 3 mm. Combien de fourmis faut-il pour faire une file indienne d'au moins 1 mètre ?

1 m = 1 000 mm

17 *** Deux classes de 29 et 27 élèves organisent un tournoi de basket. Les enseignants veulent former des équipes de 5 joueurs et 1 remplaçant.

a. Combien d'équipes formeront-ils ?

b. Les enseignants veulent aussi désigner deux arbitres pour l'ensemble des matchs. Est-ce possible ?

c. Restera-t-il des élèves sans rôle particulier ?

18 *** La planète naine Pluton fait un tour sur elle-même en six jours.

a. Combien de tours complets Pluton peut-elle faire en une année (365 jours) ?

b. Au bout de ces 365 jours, combien de jours manque-t-il à Pluton pour faire un tour supplémentaire ?

19 *** À la ferme Tous-aux-œufs, les 7 poules pondent environ 112 œufs tous les 8 jours. Combien d'œufs pond une poule par jour en moyenne ?

Problèmes : les quatre opérations

1 * La baleine à bosse est un grand mammifère migrateur : elle part des eaux polaires pour aller se reproduire dans les eaux chaudes des tropiques. Au début de son voyage, elle pèse 40 tonnes.
Sachant qu'elle perd la moitié de son poids pendant le trajet, quelle masse pèse-t-elle à l'arrivée ?

2 * Durant une course d'endurance, Pascale parcourt 2 896 mètres. Sa fille Éléonore en parcourt 560 de plus. Combien de mètres parcourt Éléonore ?

3 * En jouant au flipper, Emmie a obtenu 2 473 points et sa camarade Issa, 1 897.

a. Combien de points manque-t-il à Issa pour atteindre le score d'Emmie ?

b. Combien de points manque-t-il à chacune des filles pour obtenir 3 000 points ?

4 * Albert doit 642 € à son garagiste. Ce dernier lui propose de payer cette somme en trois fois. Combien paiera-t-il à chaque fois ?

5 * Le glacier Perito Moreno, en Patagonie, a une épaisseur de 200 m dont 120 m sont immergés dans l'eau. Quelle épaisseur de glace se situe à l'extérieur de l'eau ?

6 * Clément donne 148 aimants à Tristan. Il lui en reste 206. Combien en avait-il au départ ?

7 ** Yann achète pour son fils Dorian des skis à 288 €, des chaussures à 179 €, un pantalon à 149 € et une veste à 200 €. Combien doit-il payer au total ?

8 ** La voiture de Nathalie affiche 5 698 km au compteur. Celle de Jean-Marc en affiche 23 fois plus. Combien de kilomètres la voiture de Jean-Marc affiche-t-elle au compteur ?

9 ** Un fabricant emballe ses bouteilles d'eau par packs de 6. Il a 3 304 bouteilles à emballer.

a. Combien de packs de 6 bouteilles peut-il faire ?

b. Combien de bouteilles lui restera-t-il ?

10 ** Voici l'envergure de certains oiseaux :

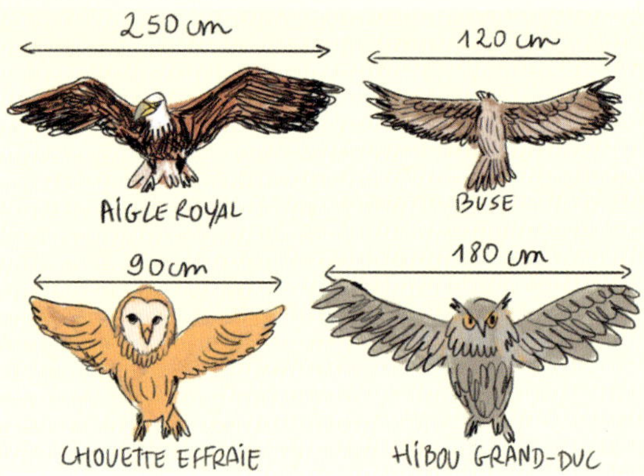

L'envergure d'un oiseau est la longueur entre les deux extrémités de ses ailes déployées.

a. Quelle différence d'envergure y a-t-il entre la buse et la chouette effraie ?

b. Combien de centimètres manque-t-il au hibou grand-duc pour avoir la même envergure que l'aigle royal ?

11 ** Julien joue avec ses 125 petits soldats. Il fait des rangées de 7 soldats.

a. Combien de rangées peut-il faire ?
b. Combien restera-t-il de soldats non alignés ?

12 ** La princesse Gloria est très gâtée ! Dans son dressing, elle a 674 robes de bal. Pour son anniversaire, la reine lui en offre 76 et sa marraine, 180. Combien de robes Gloria a-t-elle à présent ?

13 ** Pendant les vacances, Mika va à la piscine chaque jour pendant les 31 jours du mois de juillet. Elle paye l'entrée 3 €.

a. Quelle somme dépense-t-elle en 31 jours ?
b. Au début des vacances, elle possède 100 € pour payer ses entrées. Quelle somme lui reste-t-il à la fin du mois de juillet ?

14 ** Un orchestre est composé de :
- 64 instruments à cordes ;
- 16 instruments de la famille des bois ;
- 5 cuivres ;
- 1 clavier.

Combien d'instruments y a-t-il dans cet orchestre ?

15 ** En France, entre 1970 et 2008, la consommation moyenne d'eau minérale par an a augmenté de 112 litres par personne. En 2008, cette consommation était de 151 litres. Quelle était la consommation moyenne d'eau minérale par an en France, en 1970 ?

16 *** M. Lélevage a deux chevaux et trois vaches.
Chacun de ses chevaux boit chaque jour 30 litres d'eau.
Chacune de ses vaches boit chaque jour 80 litres d'eau.
Combien de litres d'eau M. Lélevage doit-il avoir dans son abreuvoir chaque jour ?

17 *** Chaque jour, un maraîcher ramasse 256 salades.

a. Combien de salades aura-t-il au bout d'une semaine ?
b. Il les range dans des cagettes pouvant contenir 8 salades. Combien de cagettes remplit-il par jour ? Combien de cagettes remplit-il par semaine ?

18 *** Pauline achète une carte de cinéma de 4 entrées au prix de 24 €.

a. Quel est le prix d'une entrée avec la carte de Pauline ?
b. Une place de cinéma au tarif normal coûte 9 €. Grâce à sa carte, quel est le montant de l'économie réalisée par Pauline pour une entrée ?
c. Quel est le montant de l'économie réalisée par Pauline pour 4 entrées ?

19 *** M. et Mme Dupont ont quatre enfants de 8, 11, 14 et 17 ans. Ils vont tous ensemble au parc du Futuroscope. Voici ce qui est affiché à l'entrée du parc :

a. Combien paiera la famille Dupont pour entrer au Futuroscope ?
b. Combien la famille Dupont aurait-elle payé si elle était venue deux ans plus tôt ?

Calcul

Utiliser la règle graduée et l'équerre

Cherchons

→ **Voici la figure tracée par Alexis. Le maître lui dit qu'elle ne convient pas. À ton avis, pourquoi ?**

→ **Quels instruments aurait-il dû utiliser ? Pour quoi faire ?**

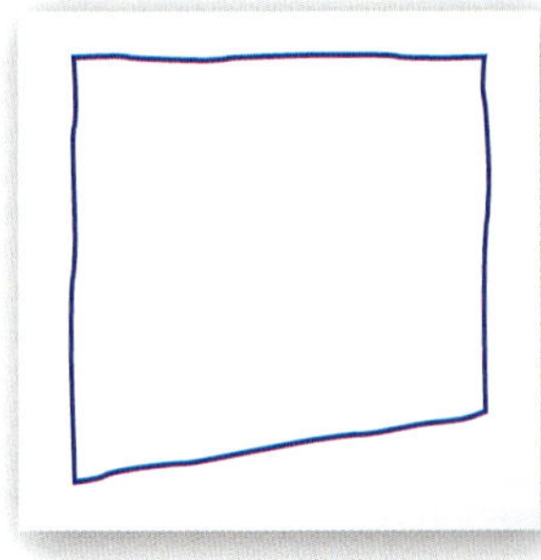

- Pour **vérifier la nature d'une figure** ou pour **la tracer**, on peut utiliser la **règle graduée** et l'**équerre**.
- La **règle** sert à **tracer** et à **mesurer** les côtés d'une figure.

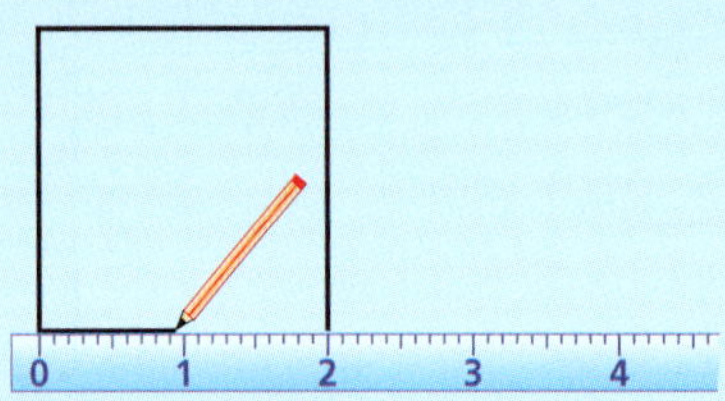

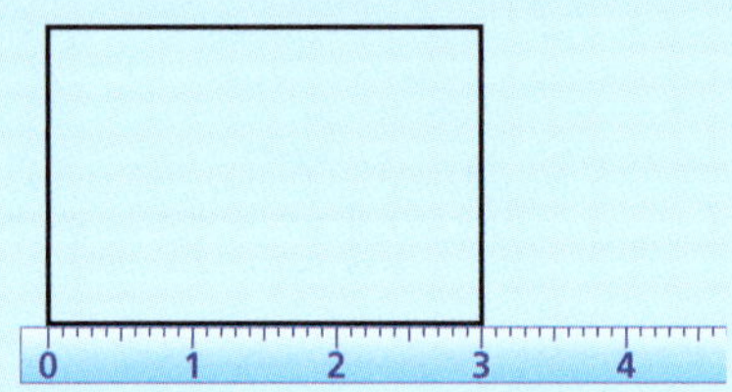

- L'**équerre** sert à **vérifier que des angles sont droits** et à les **tracer**.

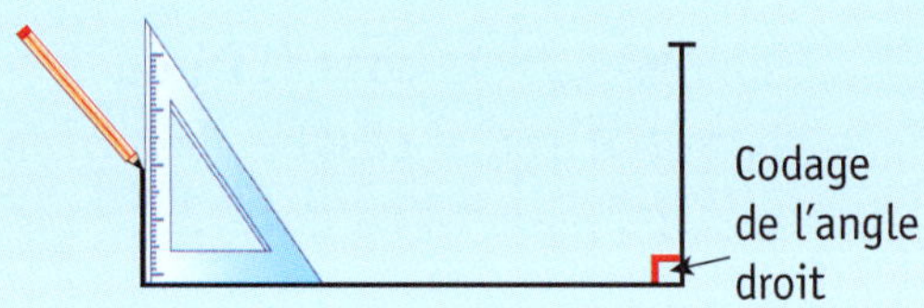

Vérifier les propriétés d'une figure avec la règle et l'équerre

1 * **Cherche les angles droits et code-les.**

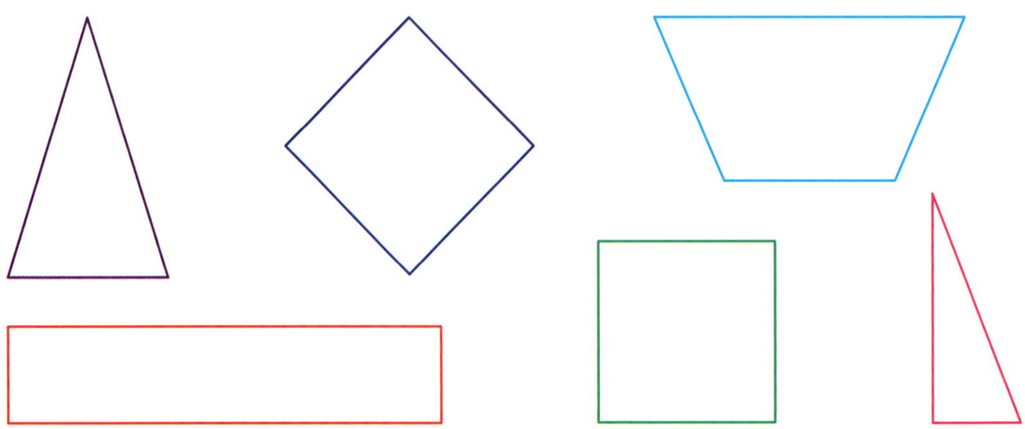

2 * **Vérifie avec ta règle graduée et ton équerre que les côtés de cette figure sont égaux et que les angles sont droits. Explique ta démarche.**

3 * **Cherche la figure qui correspond à la description.**

J'ai 4 côtés et 4 angles droits. Ma longueur est de 8 cm. Ma largeur est de 1 cm.

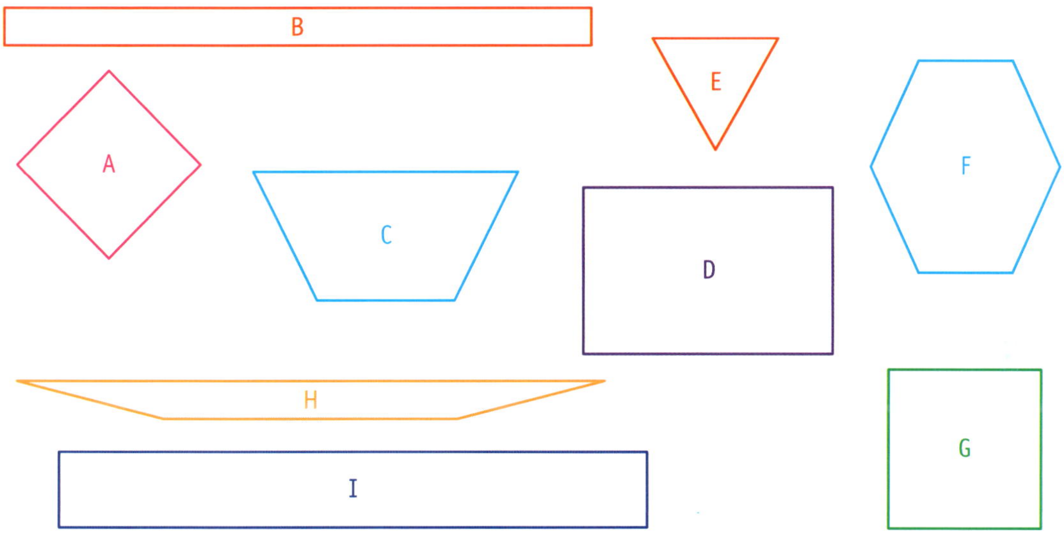

4 * * **Enzo mesure le côté [CD] du rectangle avec une règle cassée. Combien de centimètres mesure ce côté ?**

Tu n'as pas le droit d'utiliser ta règle !

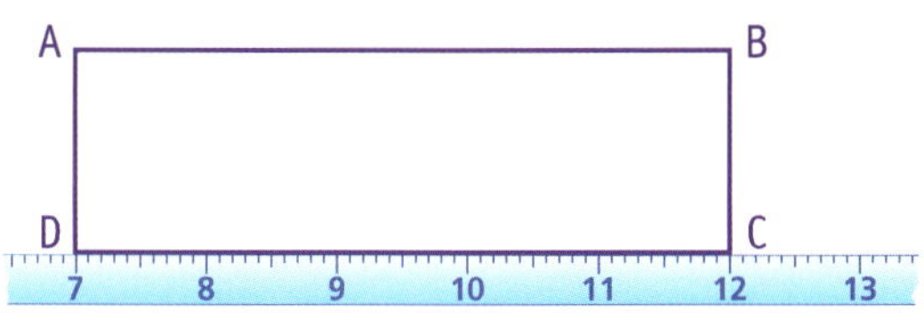

Tracer avec la règle et l'équerre

5 * **Trace ces segments.**

AB = 8 cm EF = 5 cm
CD = 6 cm GH = 3 cm

6 * **Sur ton cahier, trace trois angles droits.**

7 * * **Trace ces segments.**

AB = 4 cm 5 mm EF = 8 cm 2 mm
CD = 7 cm 5 mm GH = 6 cm 7 mm

Défi **Reproduis cette figure sur du papier uni en te servant de la règle graduée et de l'équerre.**

Mesure les segments.

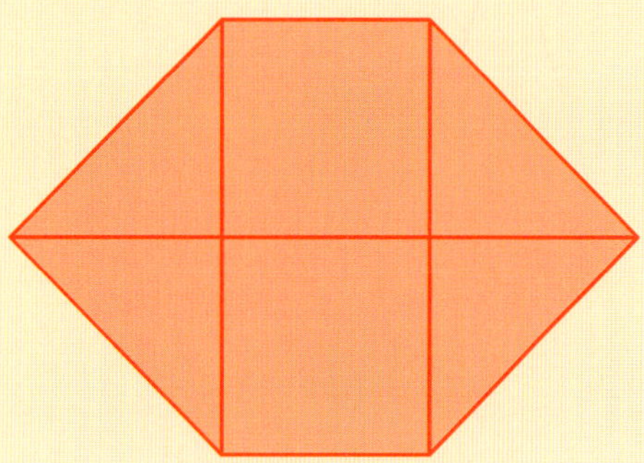

Utiliser le vocabulaire géométrique : côté, sommet, angle, milieu

Quatre enfants décrivent chacun un élément de cette figure.

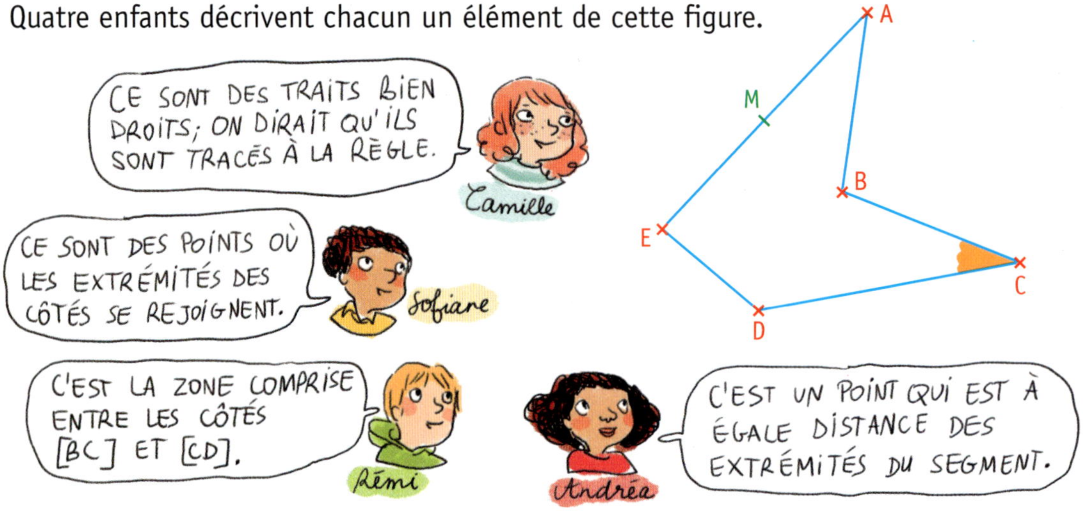

Cherchons

→ **Indique la couleur de l'élément décrit par chaque enfant.**

→ **Associe chaque description à l'un des mots suivants : *sommet, côté, milieu, angle*.**

▶ En géométrie, on utilise un **vocabulaire particulier** qui permet d'être **précis**.

le point A	le segment [AB]	le milieu M de [AB]
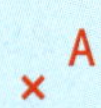	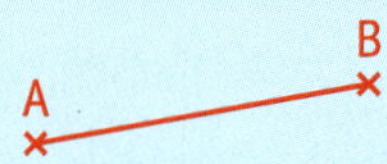	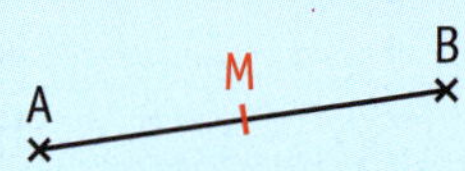
les côtés [AB], [BC], [CA]	**les sommets A, B et C**	**les angles $\widehat{A}$, $\widehat{B}$ et $\widehat{C}$**
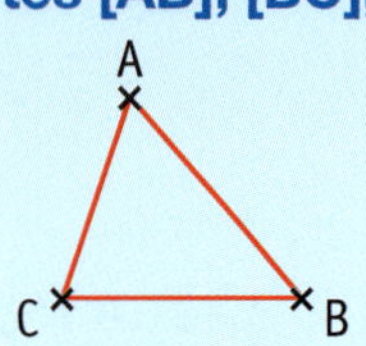	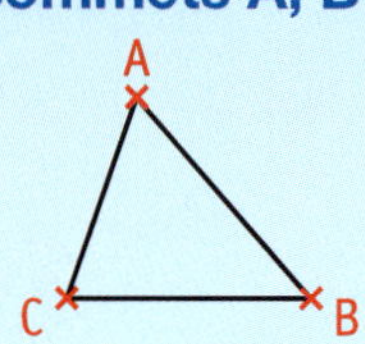	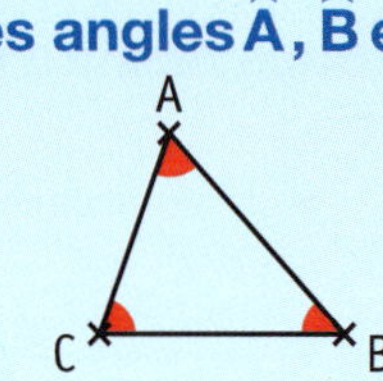

Utiliser le vocabulaire : sommet, côté et angle

1 * **Vrai ou faux ?**

a. Les sommets sont les points où deux côtés se rejoignent.

b. Les sommets sont toujours situés vers le haut.

c. Une figure a toujours 3 ou 4 côtés.

d. Une figure a autant de côtés que de sommets.

2 * **Pour chaque figure, indique le nombre de sommets et de côtés.**

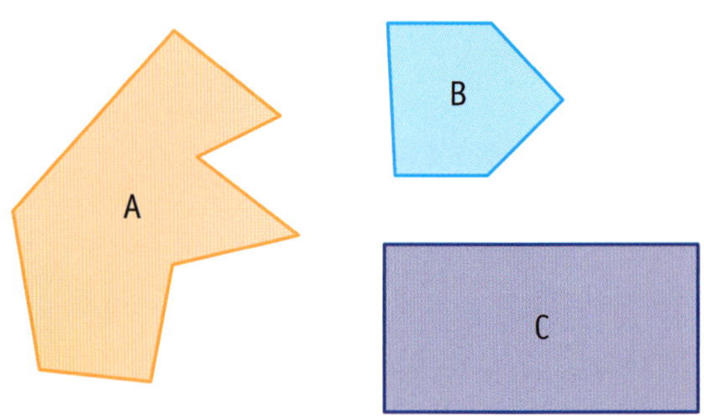

3 * **Décalque l'angle bleu. Recherche sur la figure les angles qui sont égaux à cet angle. Nomme-les.**

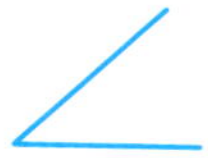

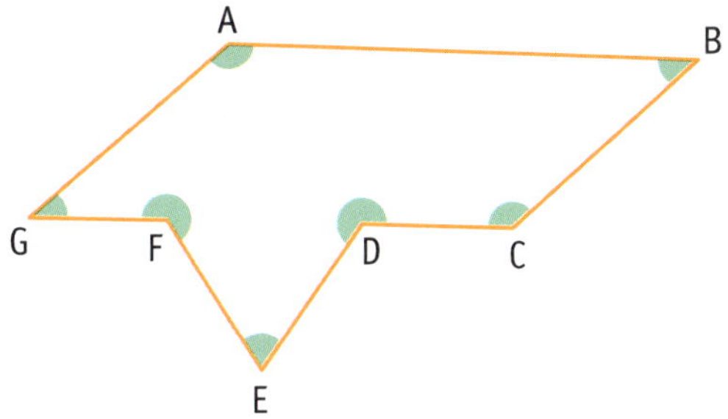

Connaître le vocabulaire : milieu et segment

4 * **Mesure ces segments et indique si le point vert est situé au milieu.**

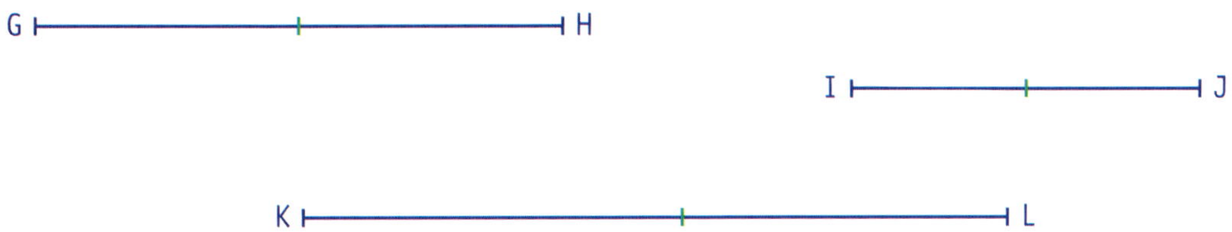

5 * **Trace ces segments sur ton cahier, puis place leur milieu.**

[AB] mesure 4 carreaux. [CD] mesure 12 carreaux. [EF] mesure 8 carreaux.

6 ** **Trace les segments [OP], [QR], [ST] et [UV], puis place leur milieu.**

OP = 10 cm QR = 2 cm ST = 6 cm UV = 4 cm

7 ** J'ai 5 côtés et 5 sommets. M est le milieu du segment [AB]. I est le milieu du segment [BC]. J est le milieu du segment [DE]. **Qui suis-je ?**

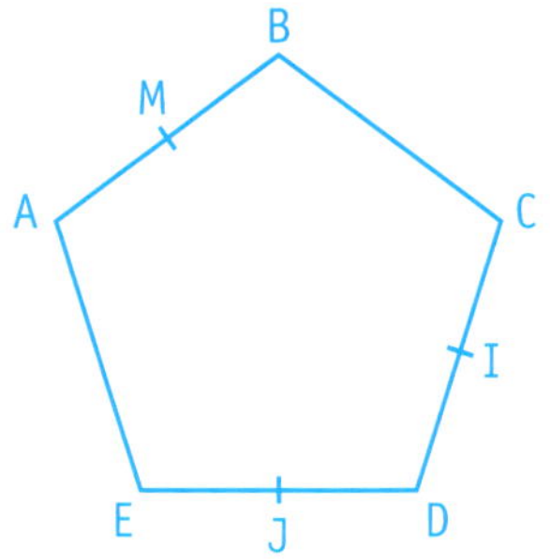

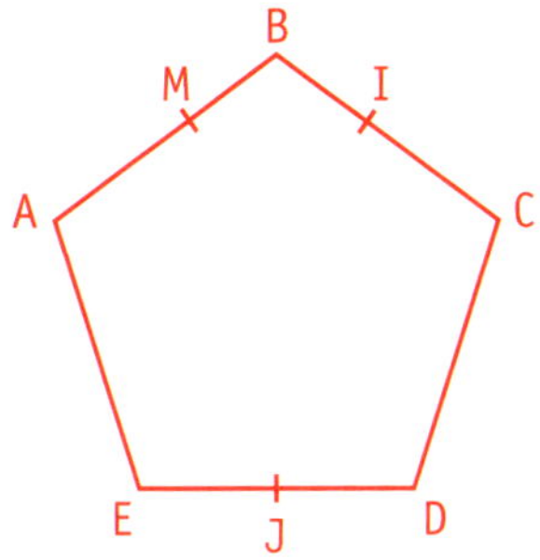

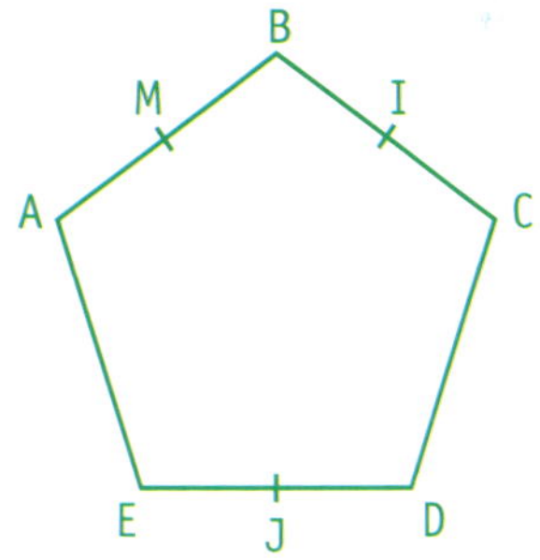

8 *** **Place un point M sur ton cahier. Trace un segment [YZ] de 6 cm dont le point M est le milieu.**

Défi Une fourmi marche le long d'un brin d'herbe de 20 cm pour rejoindre sa fourmilière. Elle s'arrête exactement au milieu de celui-ci, car elle a oublié la graine qu'elle transportait au pied du brin d'herbe. Elle doit retourner la chercher. Combien de centimètres va-t-elle parcourir avant de rejoindre la fourmilière ?

Géométrie

Reconnaître, décrire et nommer un carré, un rectangle, un losange

Un photographe a commandé un cadre carré et un cadre rectangulaire.
Voici ce qu'il reçoit :

Cherchons

→ **Le photographe est très déçu : pourquoi le cadre carré ne lui convient-il pas ?**

→ **Pourquoi le cadre rectangulaire ne lui convient-il pas ?**

→ **Pour s'excuser, l'artisan offre au photographe un troisième cadre. Mesure-le et décris-le.**

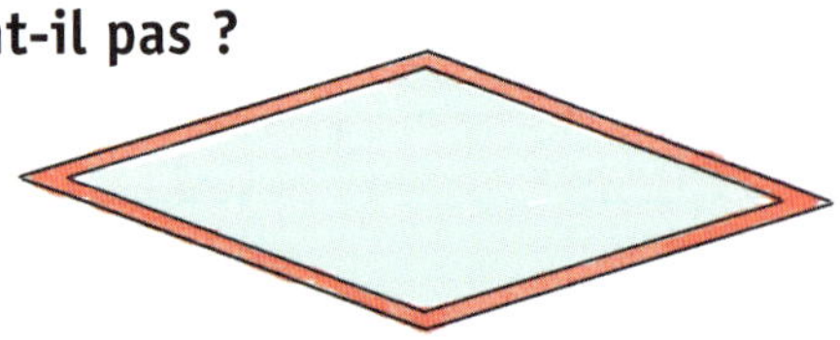

Les **figures dont tous les côtés sont droits** s'appellent des **polygones**.

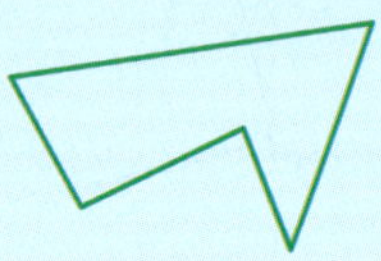

Cette figure est un polygone.

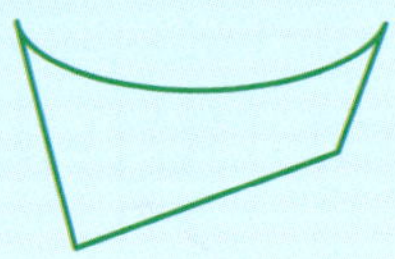

Cette figure n'est pas un polygone.

Les polygones qui ont **4 côtés** s'appellent des **quadrilatères**. Parmi eux se trouvent le **carré**, le **rectangle** et le **losange**.

Le carré	Le rectangle	Le losange
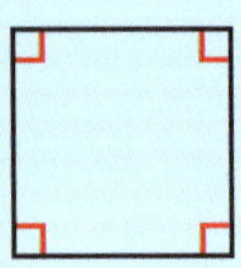 • 4 sommets • 4 côtés égaux • 4 angles droits	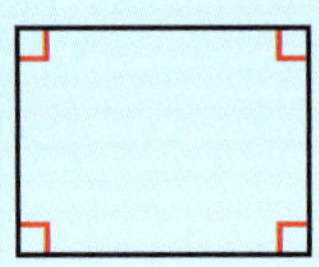 • 4 sommets • 4 côtés : 2 largeurs égales et 2 longueurs égales • 4 angles droits	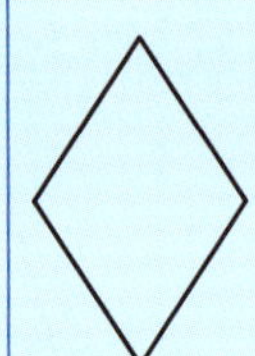 • 4 sommets • 4 côtés égaux

On nomme une figure par ses sommets. *Ex. :* le rectangle ABCD.

Reconnaître et nommer un carré, un rectangle, un losange

1 * **Observe ces figures, puis complète le tableau.**

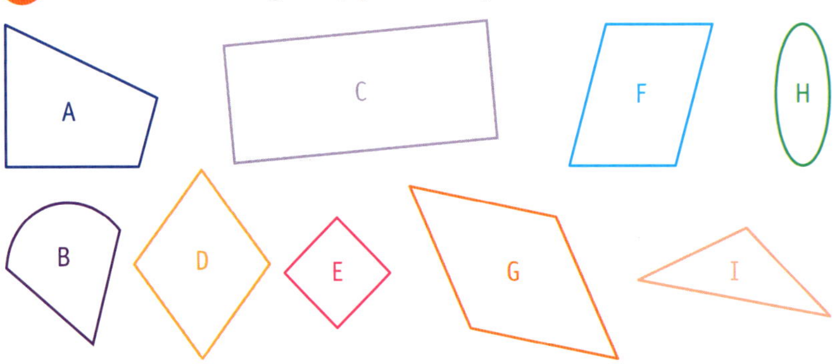

	Figures
Polygones	
Carrés	
Rectangles	
Losanges	

Pense à vérifier les angles et l'égalité des côtés des figures.

2 ** **Nomme les carrés, les rectangles et les losanges de cette figure.**

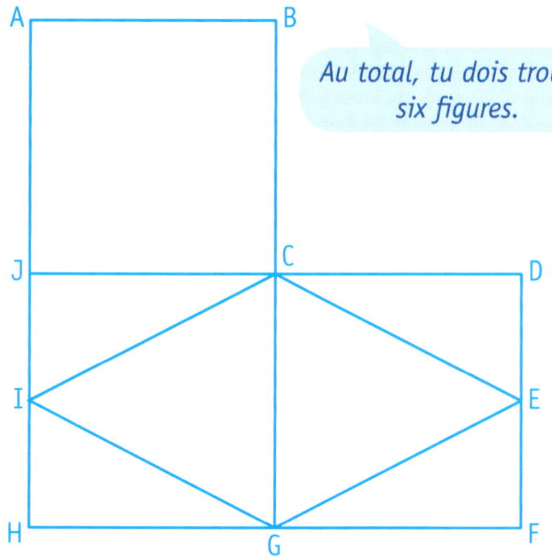

Au total, tu dois trouver six figures.

Décrire et nommer un carré, un rectangle, un losange

3 * Observe ces figures.

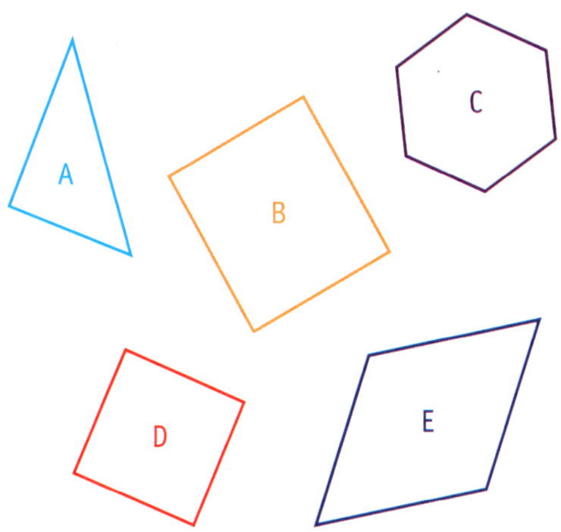

a. Complète le tableau.

Figure	A	B	C	D	E
Nombre de côtés	*3*				
Nombre de sommets	*3*				
Angles tous droits	*non*				
Côtés tous égaux	*non*				

b. Indique le nom des figures B, D et E.

4 ** **Vrai ou faux ?**

a. Dans un carré, les côtés opposés sont égaux.

b. Un quadrilatère avec 4 angles droits est toujours un carré.

c. Un losange a 4 côtés égaux, 4 sommets et 4 angles.

d. Une figure qui a 4 angles non droits n'est pas un carré.

e. Un quadrilatère avec des côtés égaux deux à deux est toujours un rectangle.

5 ** **Écris ce qui différencie les deux figures en utilisant les mots *côtés* et *angles*, puis indique la nature de chaque figure.**

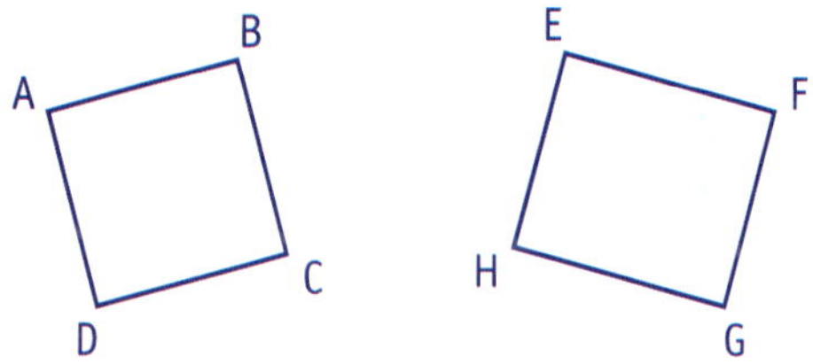

6 ** **Même exercice.**

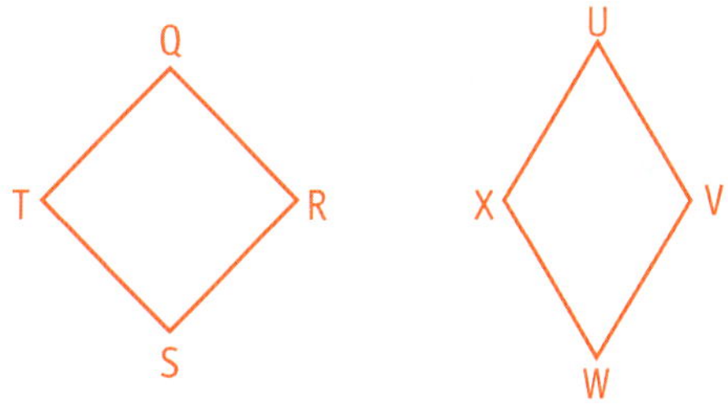

Défi **Décalque ce losange, puis découpe les quatre triangles bleus. Replace-les pour transformer cette figure en un carré.**

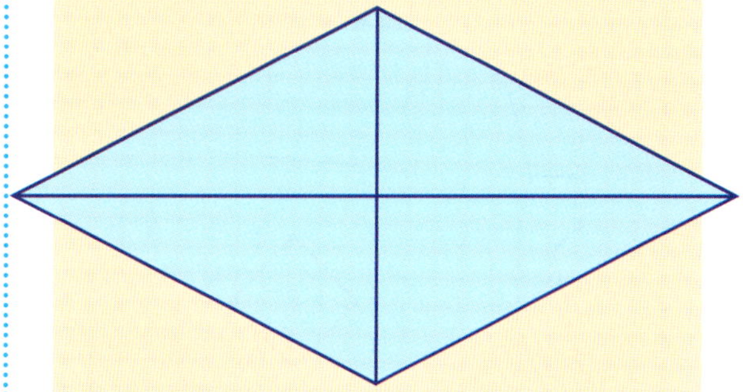

Géométrie

Reproduire et tracer un carré, un rectangle, un losange

Cherchons

→ **Si tu devais reproduire ce tableau, à quoi te servirait la règle graduée ?**

→ **De quel autre instrument aurais-tu besoin ? Pourquoi ?**

Progressivité des groupes avec les mêmes teintes, de Richard Paul Lohse, 1967.

▸ Pour **reproduire** ou **tracer** un **carré**, un **rectangle** ou un **losange** sur du papier quadrillé ou pointé, on repère la position des sommets, puis on trace les segments à la règle.

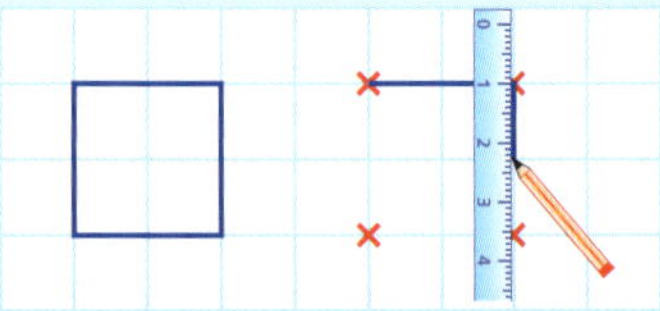

▸ Pour **reproduire** ou **tracer un carré** ou **un rectangle** sur du papier uni, on utilise la **règle graduée** et l'**équerre**.

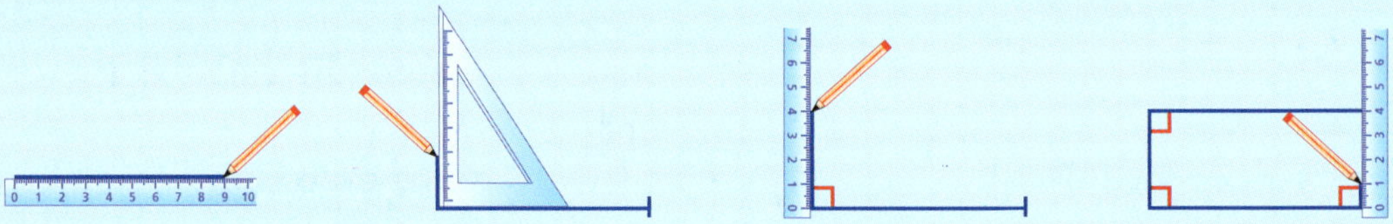

▸ Pour **tracer un losange** sur du papier uni, on utilise la **règle graduée** et le **compas**.

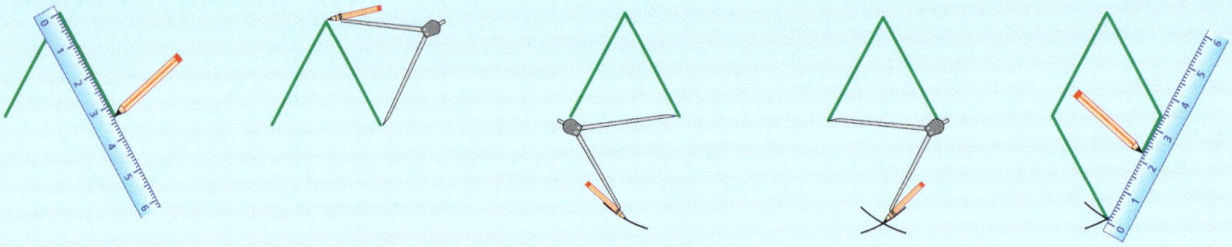

Tracer et reproduire sur du papier quadrillé ou pointé

1 * **Reproduis ces figures.**

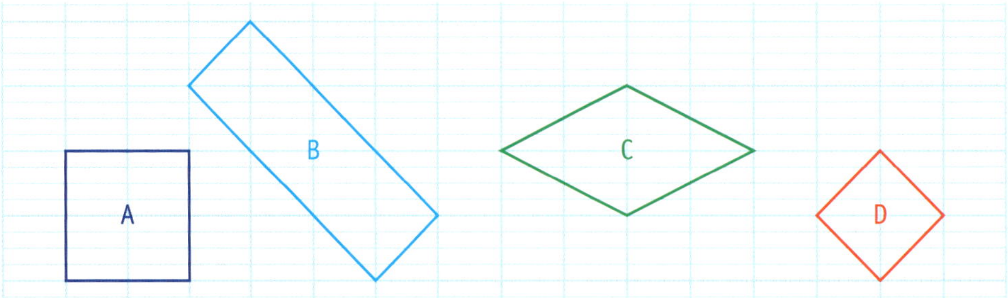

Comment se nomme la figure D ?

2 * **Sur ton cahier, trace :**

– un carré de 2 carreaux de côté ;
– un rectangle de 2 carreaux de largeur et de 5 carreaux de longueur ;
– un carré de 4 carreaux de côté ;
– un rectangle de 6 carreaux de longueur et d'un carreau de largeur.

3 ** **Reproduis cette figure sur du papier pointé.**

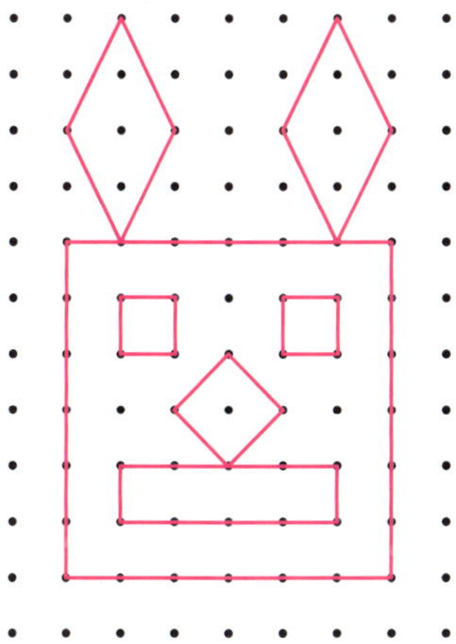

Tracer et reproduire sur du papier uni

4 * **Complète ces deux figures pour obtenir :**

a. un carré. **b.** un rectangle.

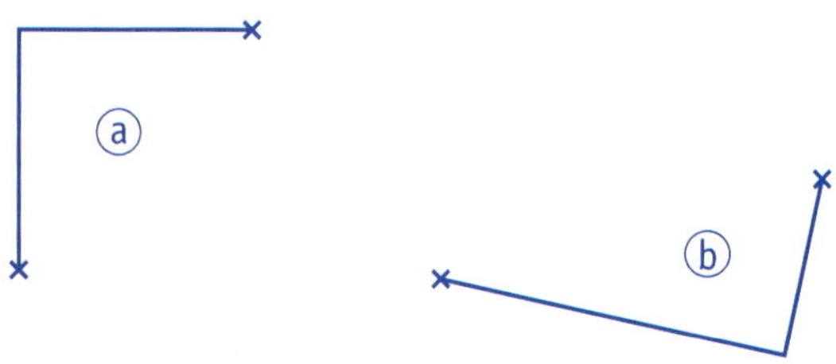

5 * **Complète ces figures pour obtenir deux losanges.**

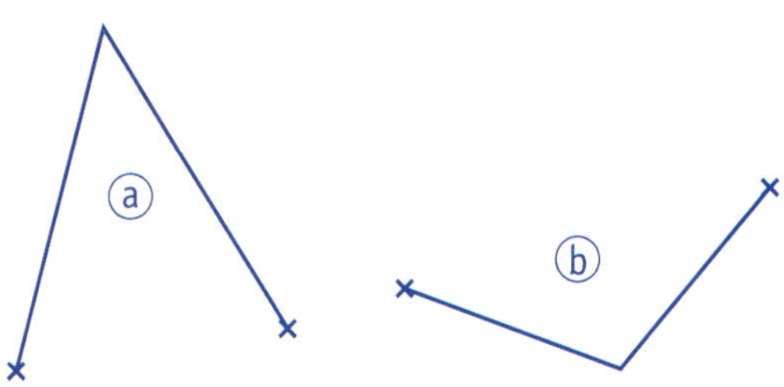

6 ** **Complète ces figures pour obtenir :**

a. un rectangle de 4 cm de longueur et 2 cm de largeur.
b. un losange de 2 cm de côté.
c. un carré de 2 cm de côté.

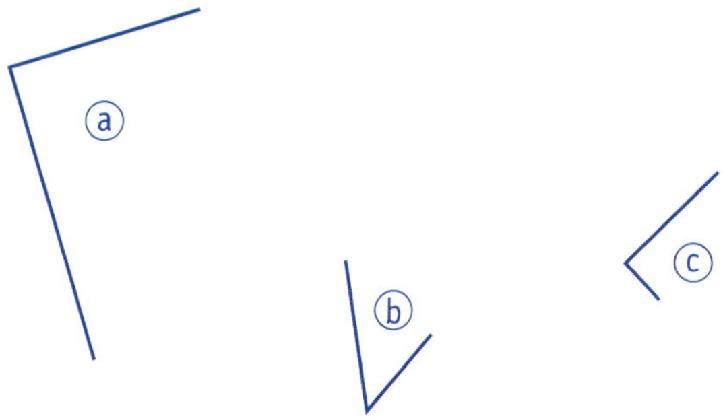

7 ** **Trace sur du papier uni :**

a. un carré de 3 cm de côté.
b. un rectangle de 3 cm de largeur et 8 cm de longueur.
c. un losange de 4 cm de côté.

8 *** **Reproduis cette figure sur du papier uni.**

Mesure le modèle pour reproduire le tracé.

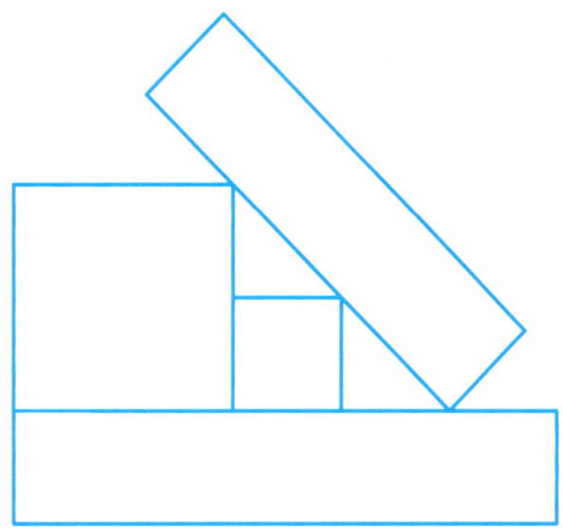

Défi **Reproduis cette figure sur du papier pointé, puis colorie-la.**

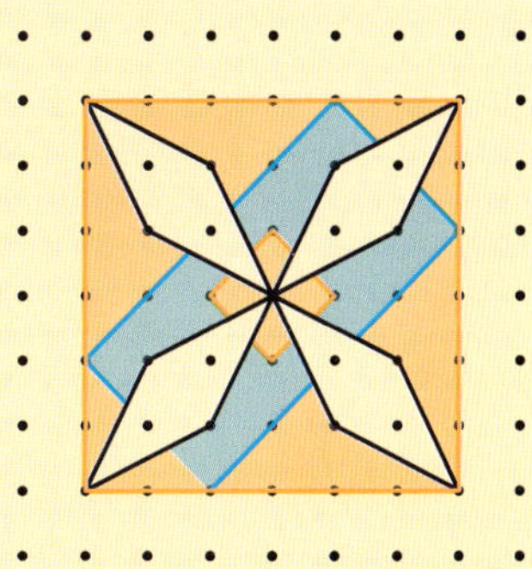

Révisions

Utiliser le vocabulaire géométrique, la règle graduée et l'équerre

1 * Observe cette figure.

a. Indique le nom de chaque côté.
b. Indique le nom de chaque sommet.
c. Marque les angles droits.
d. Indique la longueur des segments [DE] et [CD].
e. Place le milieu des segments [BC] et [FG].

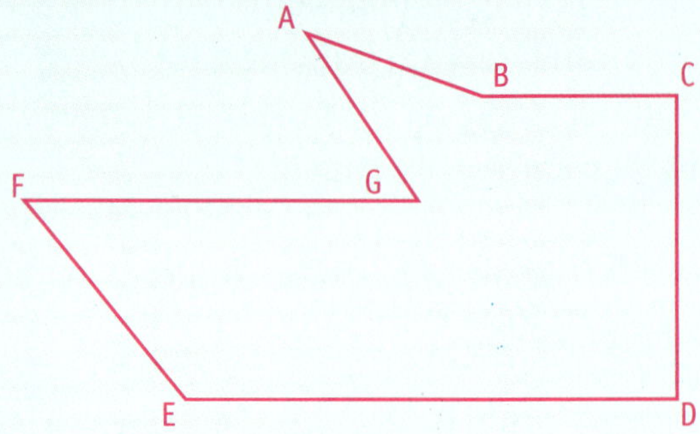

2 ** **Trace un angle droit formé par deux côtés qui mesurent 4 cm 5 mm.**

Reconnaître, décrire et nommer un carré, un rectangle, un losange

3 * **Parmi ces figures, lesquelles sont des carrés ? Des rectangles ? Des losanges ?**

Pense à utiliser ta règle graduée et ton équerre.

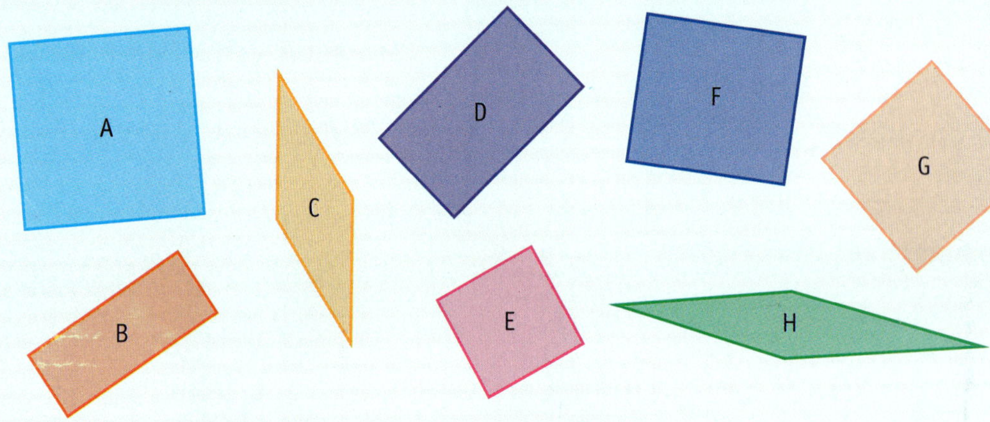

4 ** **Décris cette figure et indique son nom.**

Observe la longueur des côtés et les angles.

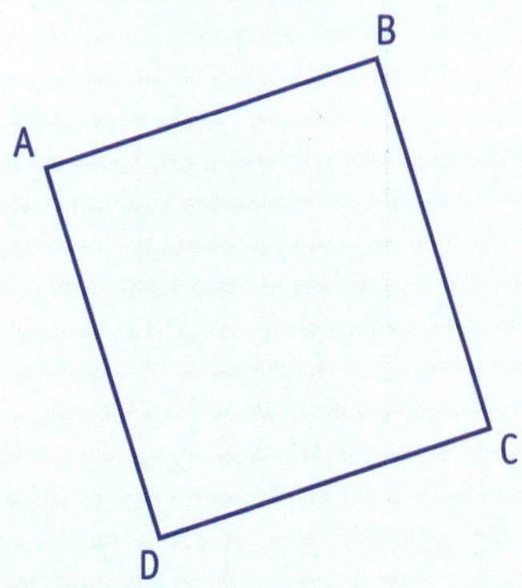

5 *** **Nomme les carrés, les rectangles et les losanges de cette figure.**

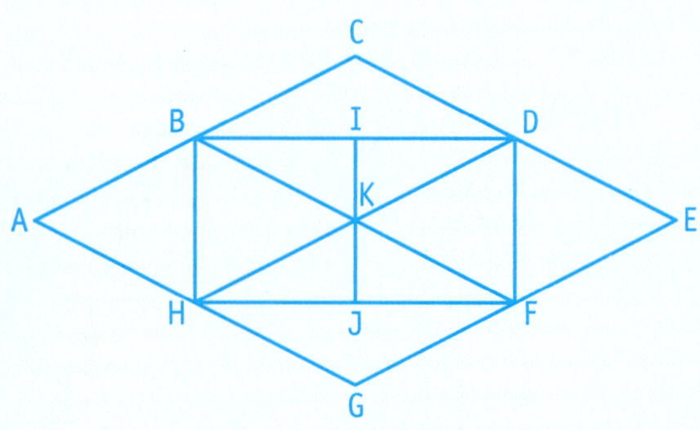

Tracer un carré, un rectangle, un losange

6 * **Trace sur ton cahier un carré, un rectangle et un losange.**

7 * * **Complète ces figures pour obtenir :**

a. un carré de 2 cm de côté.
b. un losange de 2 cm 5 mm de côté.
c. un rectangle de 4 cm de longueur et de 1 cm de largeur.

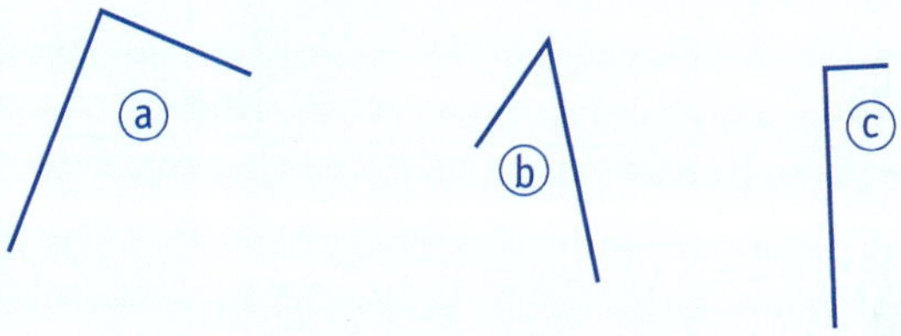

8 * * **Trace sur du papier uni :**

– un losange de 6 cm de côté ;
– un carré ayant un côté de 4 cm 5 mm ;
– un rectangle de 3 cm de longueur et de 2 cm de largeur.

9 * * **Suis ces instructions de tracé.**

- *Trace un rectangle de 3 cm de largeur et de 5 cm de longueur.*
- *Trace un carré de 2 cm de côté à l'intérieur du rectangle.*

Reproduire un carré, un rectangle, un losange

10 * **Reproduis cette figure sur du papier pointé.**

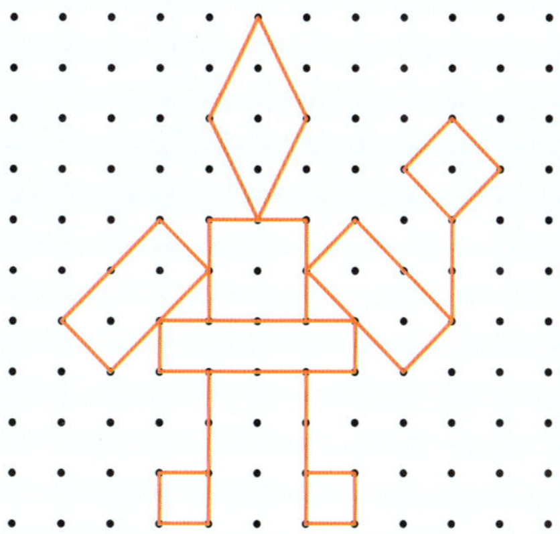

11 * **Reproduis ces figures.**

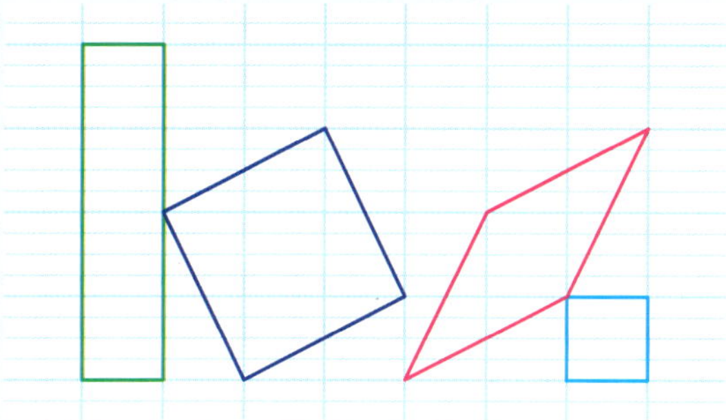

12 * * **Reproduis le début de la frise sur du papier uni et continue-la.**

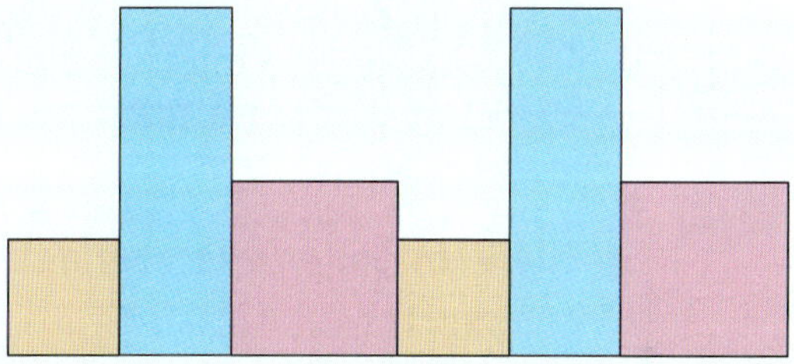

13 * * * **Reproduis cette figure.**

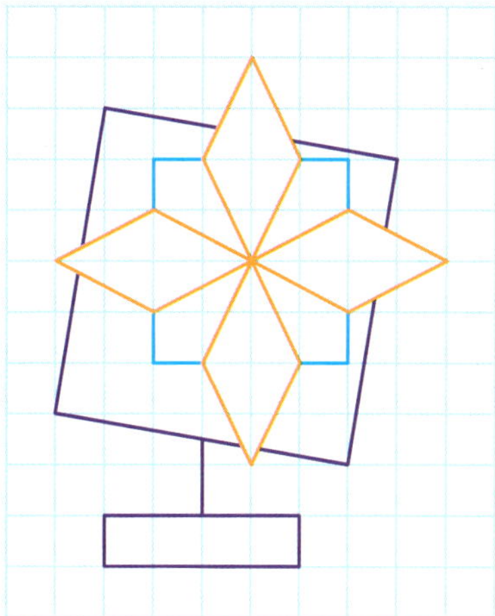

Commence par construire les losanges.

14 * * * **Reproduis ce château fort sur du papier uni.**

ABCD, EFGH et IJKL sont des losanges.

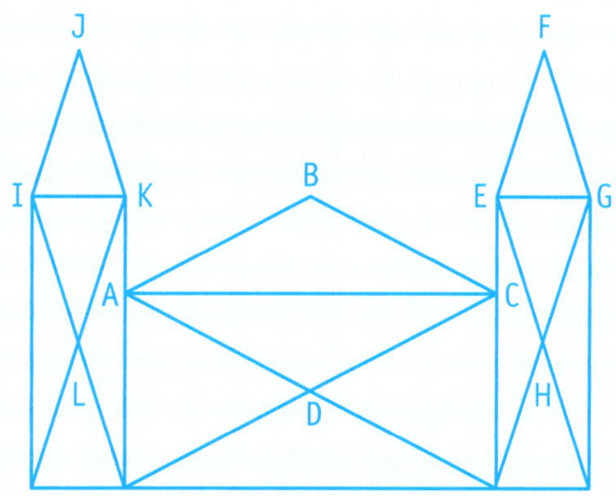

Reconnaître, décrire et nommer un cube, un pavé droit

Pour l'anniversaire de son amie, Lola veut emballer une poupée dans une jolie boîte en carton. Sa mère lui dit de prendre la boîte qui a la forme d'un cube.

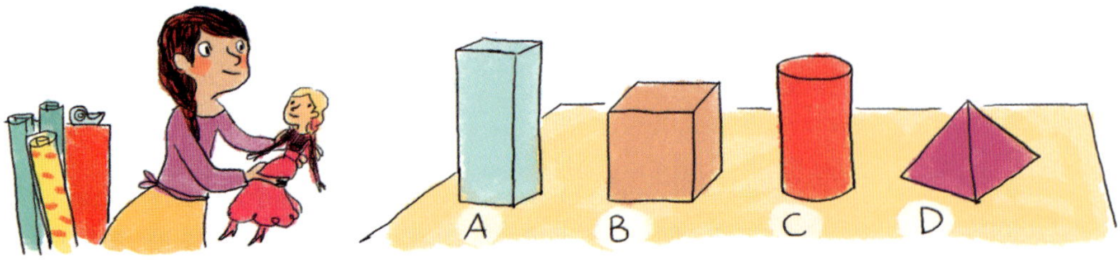

→ **Quelle boîte Lola doit-elle choisir ?**

→ **Elle veut placer un petit nœud à chaque sommet de la boîte. Combien de nœuds lui faut-il ?**

→ **Elle veut coller une gommette dorée sur chaque face. Combien de gommettes lui faut-il ?**

- Les **solides** sont des **formes géométriques dans l'espace**.

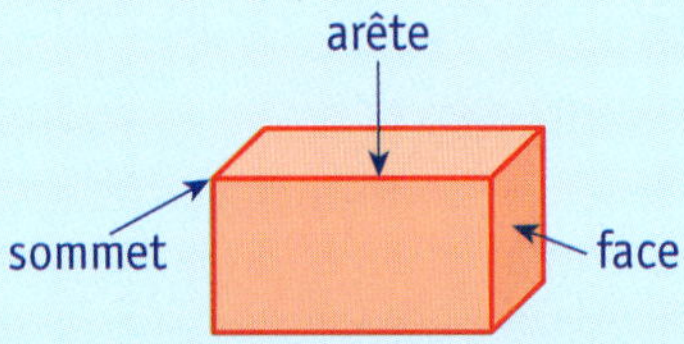

Sur l'image d'un solide, certains sommets et certaines arêtes sont cachés.

- Le **cube** est formé de **6 faces carrées** identiques. Il a **8 sommets** et **12 arêtes**.

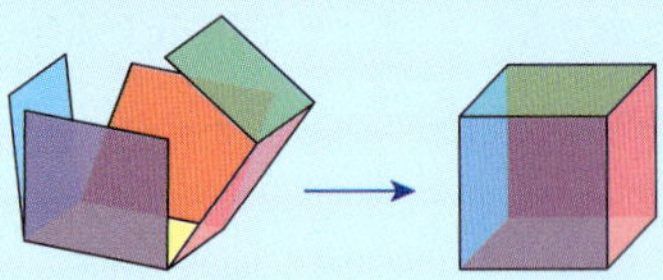

- Le **pavé droit** est formé de **6 faces** : des rectangles et parfois des carrés. Ses faces opposées sont identiques. Il a **8 sommets** et **12 arêtes**.

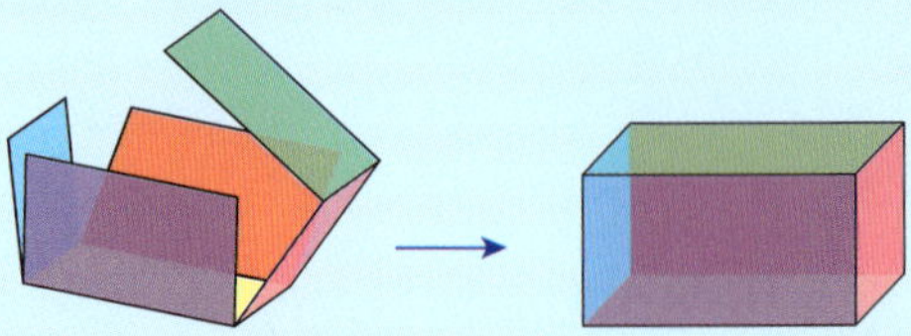

Reconnaître et nommer un cube, un pavé droit

1 * **a.** Écris le nom de deux objets de la vie courante qui ont la forme d'un cube.

b. Écris le nom de quatre objets de la vie courante qui ont la forme d'un pavé droit.

2 ** **Observe ces solides, puis complète le tableau.**

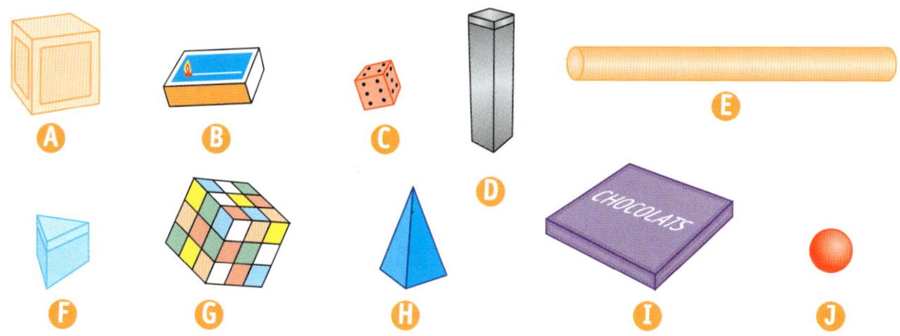

	Solides
Cubes	
Pavés droits	
Autres	

Décrire un cube, un pavé droit

3 * **a.** Pour chaque solide, indique le nombre de faces, d'arêtes et de sommets.

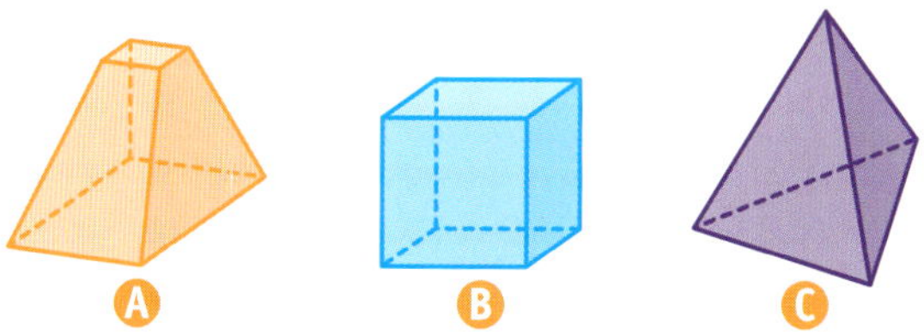

b. Indique le nom du solide B.

4 * **Qui suis-je ?**

a. J'ai six faces dont certaines sont des rectangles.

b. Je suis un point où se rencontrent plusieurs arêtes.

c. Je suis un solide dont toutes les arêtes ont la même longueur.

d. Dans un pavé droit, nous sommes 6.

e. Je suis la ligne où se rejoignent deux faces.

5 ** **Observe ce solide, puis réponds en nommant les lettres.**

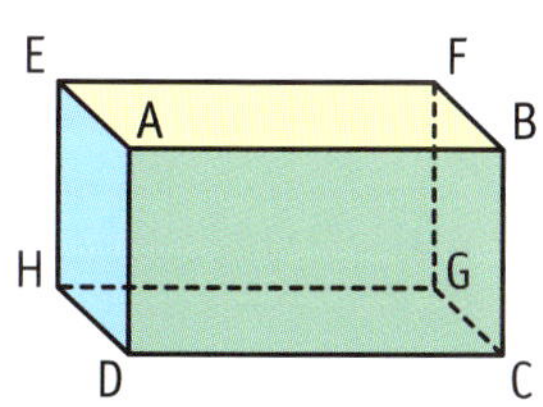

a. Quelle face est opposée à EFGH ?

b. Quel sommet est commun aux faces jaune, verte et bleue ?

c. Quelle arête est commune aux faces bleue et verte ?

6 ** **a.** Le petit frère de Nassim a fait des constructions avec des cubes. Indique le nombre de cubes de chaque construction.

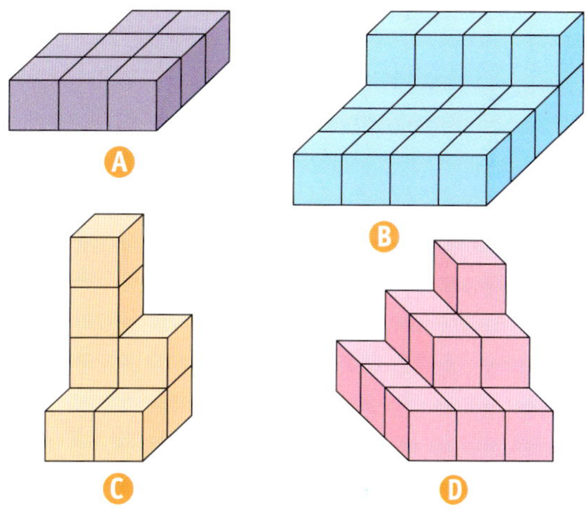

b. Pour la construction A, il veut recouvrir toutes les faces visibles des cubes avec du papier argenté. Combien de faces doit-il recouvrir ?

Défi **Combien de petits cubes manque-t-il pour former un gros cube ?**

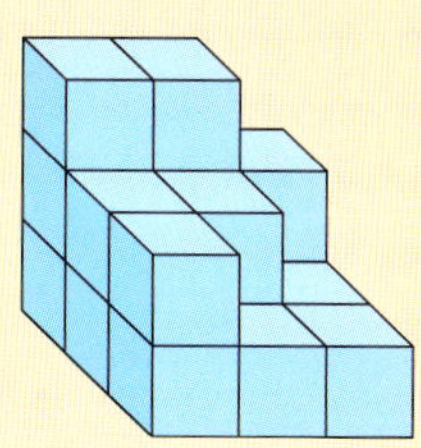

Reproduire des figures à partir d'un modèle

Pendant son exposé sur les suricates, Lia propose à ses caramades de reproduire le dessin de l'animal dont elle a préparé le modèle. Voici trois reproductions réalisées par ses camarades :

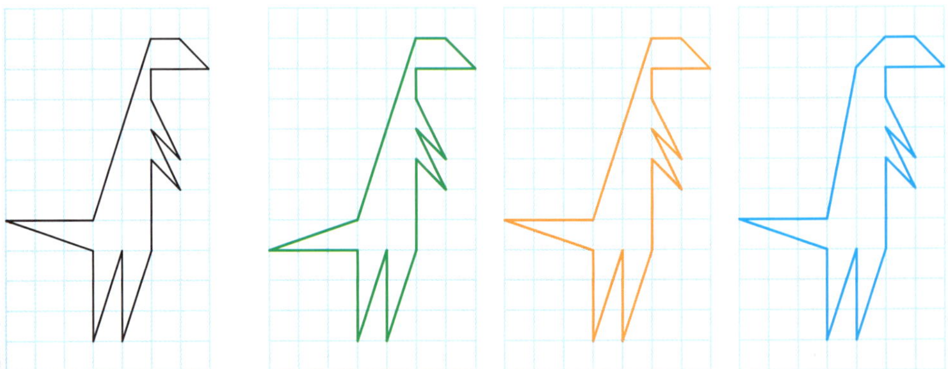

Modèle A B C

Cherchons

→ **Quelle reproduction est fidèle au modèle ?**

- Pour **reproduire une figure** sur du **papier quadrillé** ou du **papier pointé**, on place d'abord les sommets en comptant les carreaux. Ensuite, on trace les segments à la règle.

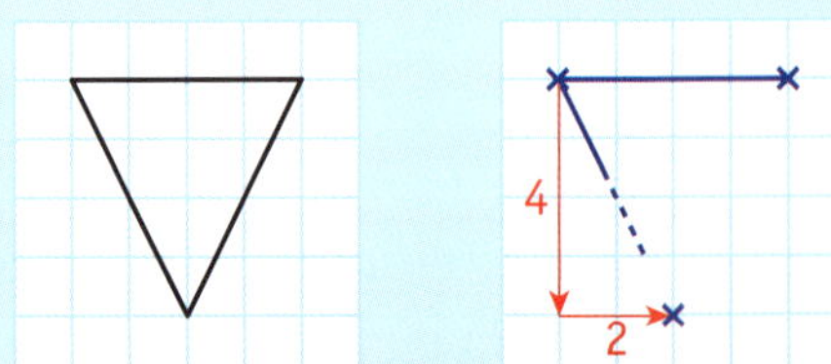

- Pour **reproduire une figure** sur du **papier uni**, on effectue les tracés au fur et à mesure en utilisant les indications du modèle.

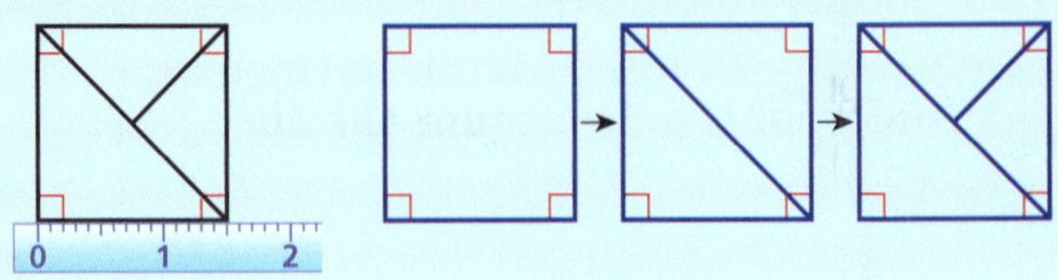

Reproduire des figures sur du papier quadrillé ou pointé

1 * **Reproduis ces figures sur du papier quadrillé.**

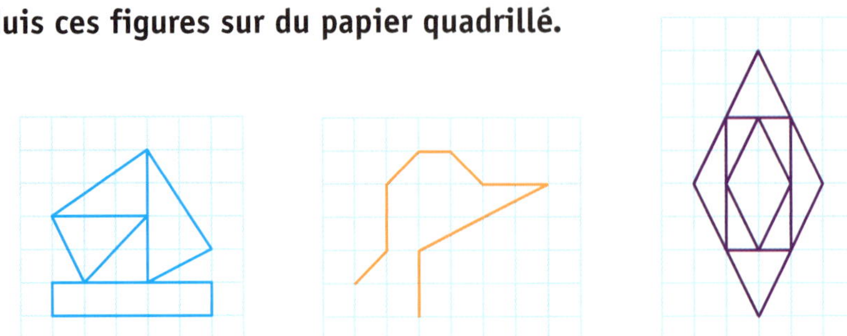

2 * **Reproduis ces figures sur du papier pointé.**

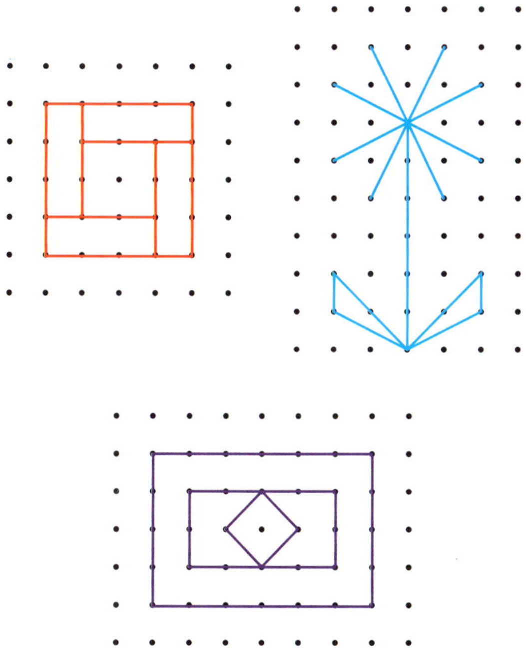

3 ** **Reproduis cette figure sur du papier quadrillé.**

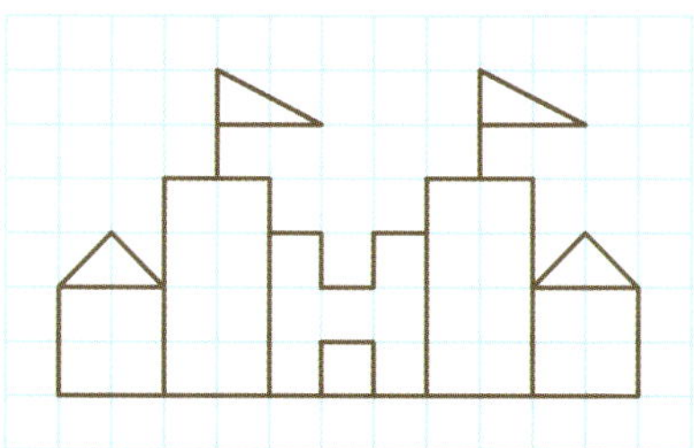

4 ** **Reproduis cette figure sur du papier pointé.**

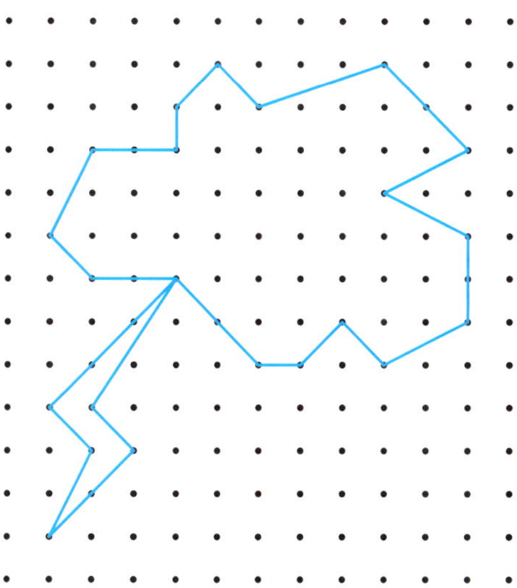

5 *** **Reproduis et continue cette frise sur du papier quadrillé.**

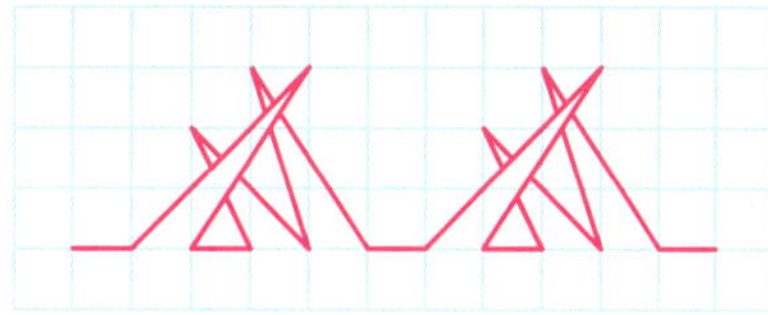

Reproduire des figures sur du papier uni

6 * **Reproduis cette figure sur du papier uni.**

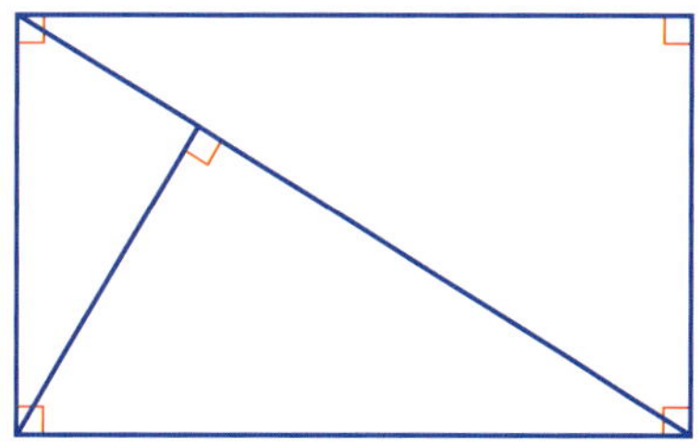

7 ** **Reproduis cette figure sur du papier uni en t'aidant des indications.**

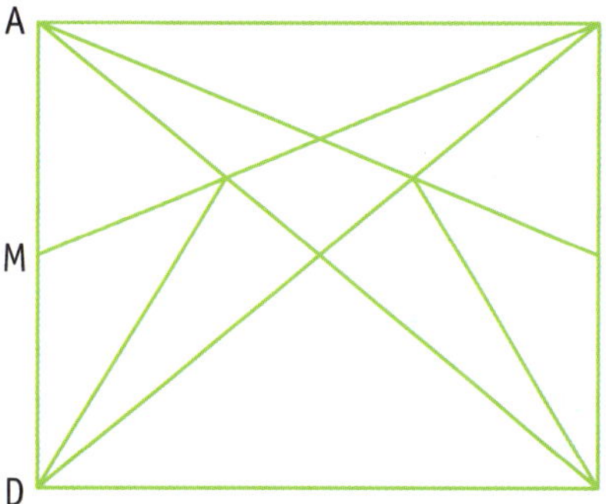

ABCD est un rectangle. AB = 5 cm ; BC = 4 cm.
M est le milieu de [AD]. I est le milieu de [BC].

Défi **Reproduis cette étoile sur du papier pointé et colorie-la.**

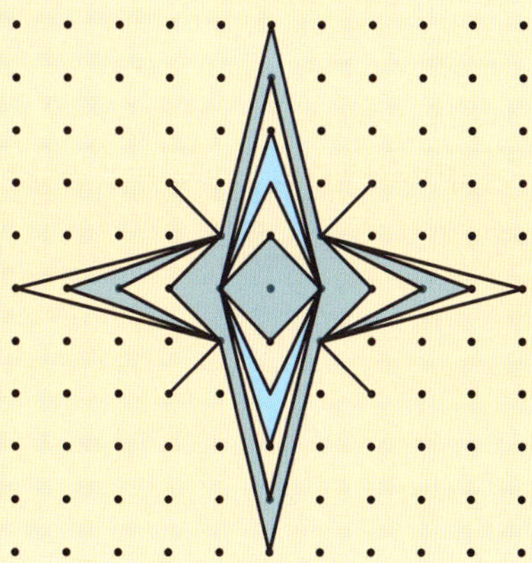

Révisions

Reconnaître, décrire et nommer un cube, un pavé droit

1 * Observe ces solides.

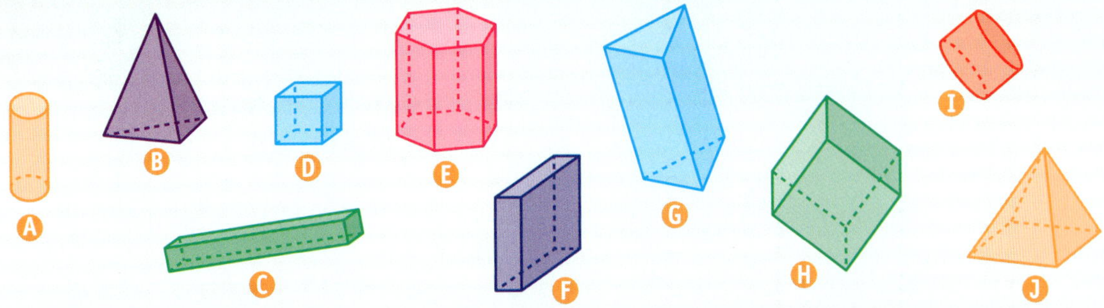

a. Indique le nombre de faces, d'arêtes et de sommets des solides D, G et J.
b. Retrouve les cubes et les pavés droits parmi ces solides.

2 * **Pour chaque phrase, précise s'il s'agit d'un cube ou d'un pavé droit.**

a. Mes arêtes sont toutes de même longueur.

b. J'ai des faces rectangulaires.

c. Certaines de mes arêtes sont plus grandes que d'autres.

d. Je n'ai que des faces carrées.

3 ** **Observe ce solide, puis réponds en nommant les lettres.**

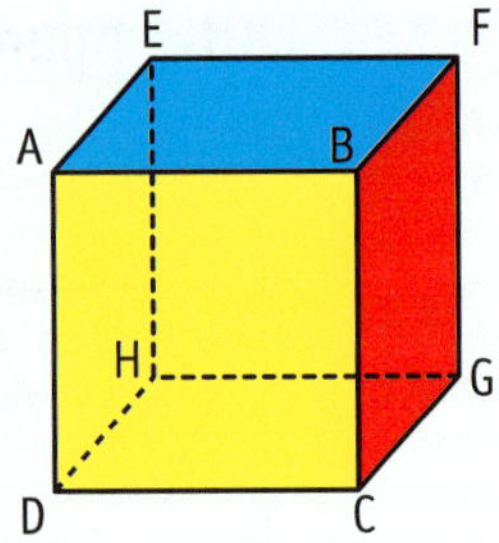

a. Quel sommet est commun aux faces rouge, jaune et bleue ?

b. Quelle arête est commune aux faces bleue et rouge ?

c. Quelle face est opposée à la face ABCD ?

d. Quelles faces possèdent une arête commune avec la face EFGH ?

4 *** Martin veut coller des gommettes sur chaque face visible des cubes de cette construction. Sur combien de faces devra-t-il coller des gommettes ?

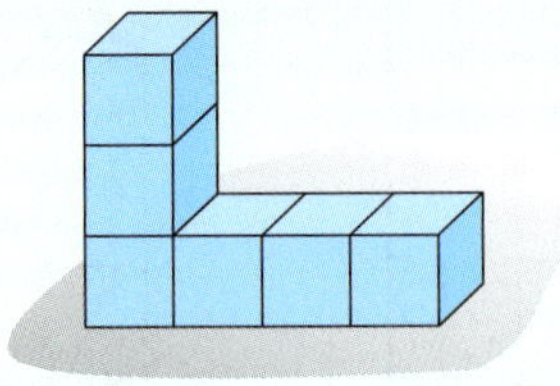

Reproduire des figures sur du papier quadrillé ou pointé

5 * **Reproduis cette figure.**

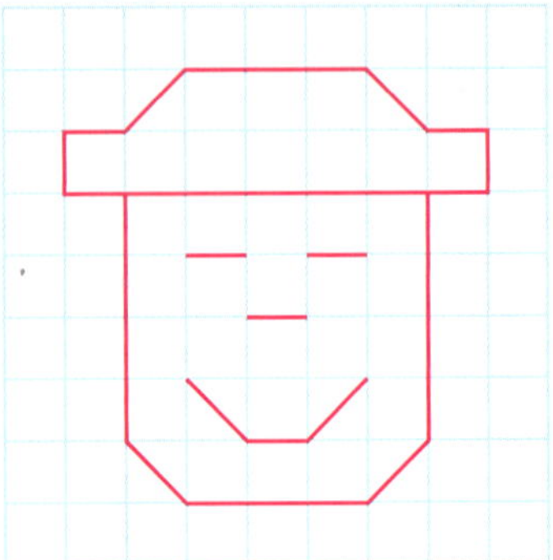

6 * **Reproduis cette frise et continue-la.**

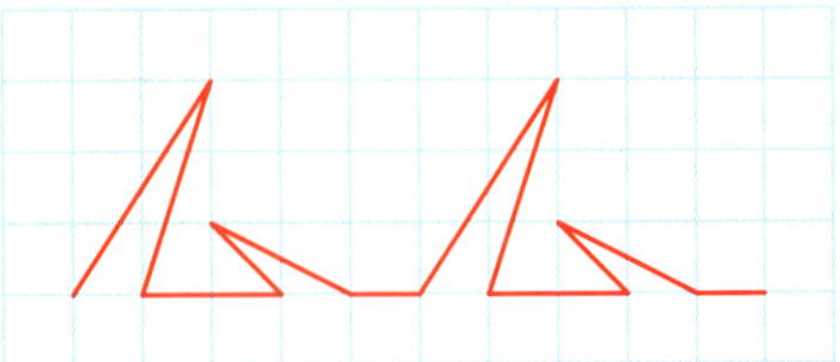

7 * **Reproduis ces deux figures sur du papier pointé.**

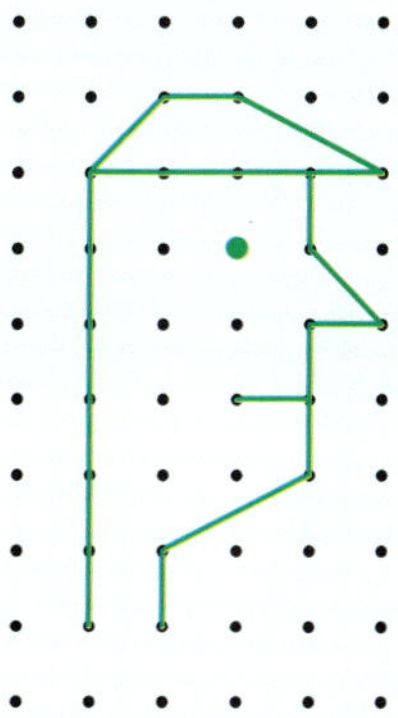

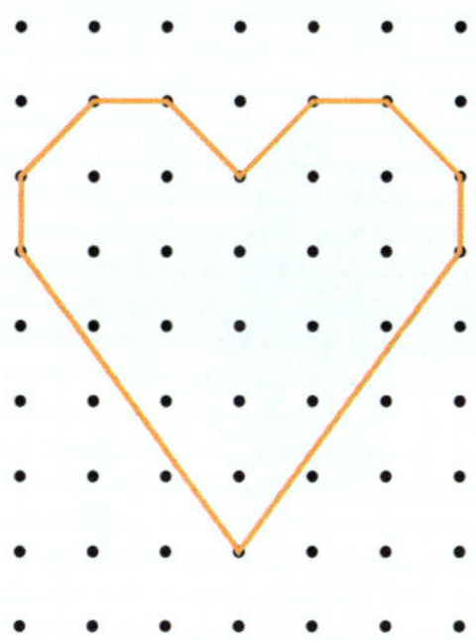

8 ** **Reproduis cette figure sur du papier pointé.**

9 ** **Reproduis cette figure sur du papier pointé.**

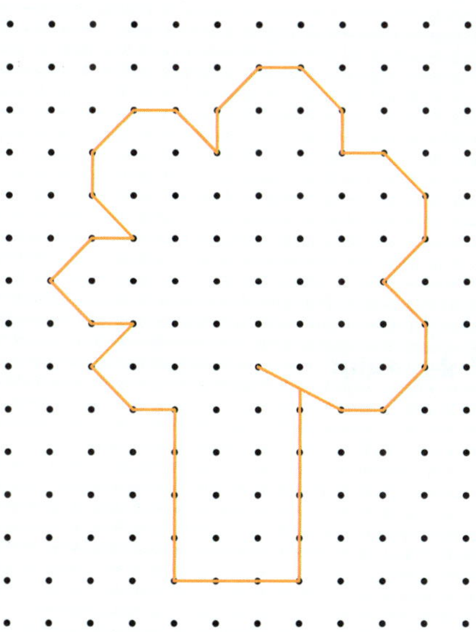

10 *** **Reproduis ces serpents sur du papier quadrillé.**

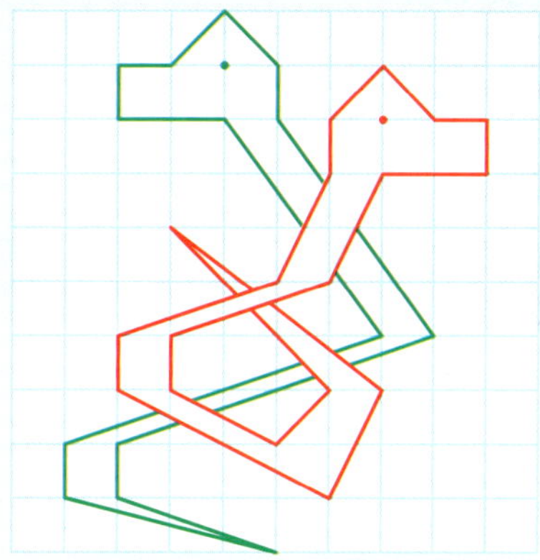

Commence par tracer la tête du serpent rouge.

Reproduire des figures sur du papier uni

11 * **Reproduis cette figure sur du papier uni.**

C'est un carré placé dans un triangle rectangle.

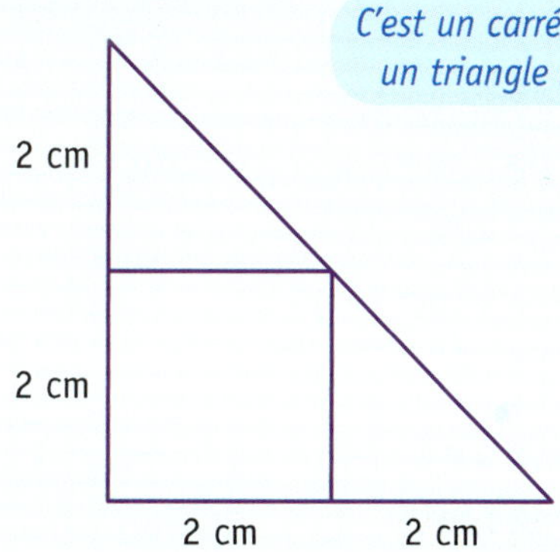

12 ** **Reproduis cette figure en t'aidant des indications.**

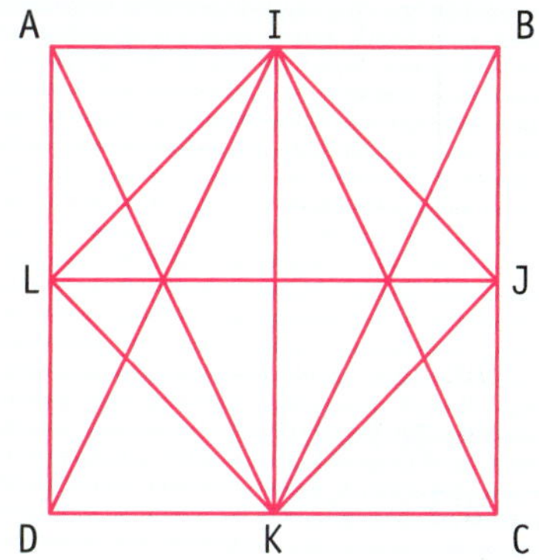

ABCD est un carré de 4 cm de côté.
I est le milieu de [AB]. J est le milieu de [BC].
K est le milieu de [CD]. L est le milieu de [DA].

Reconnaître, décrire et nommer le triangle et ses cas particuliers

Cherchons

→ **Observe ce plateau de biscuits. Combien de figures rouges le composent ?**

→ **Décris l'une des figures rouges en utilisant les mots *sommets*, *côtés* et *angles*.**

- Un polygone qui a **trois côtés** s'appelle un **triangle**.
  Il a également **trois sommets** et **trois angles**.
  On peut le nommer par ses sommets.
  Ex. : Ce triangle s'appelle ABC.

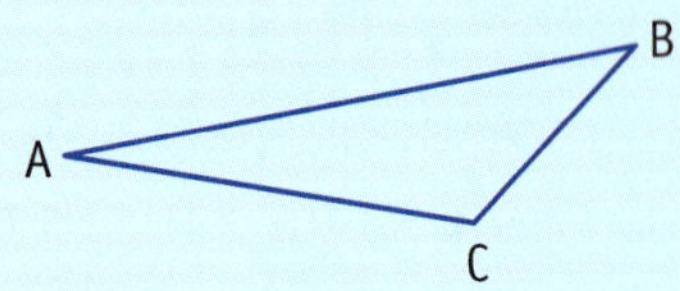

- Il existe des **triangles particuliers**.

Le triangle rectangle	Le triangle isocèle	Le triangle équilatéral
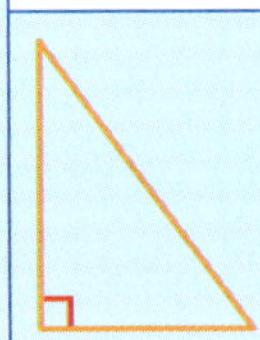 1 angle droit	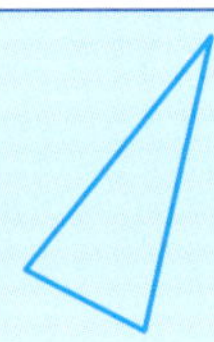 2 côtés égaux	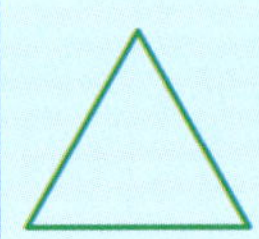 3 côtés égaux

Reconnaître et nommer le triangle et ses cas particuliers

1 * **Retrouve les triangles isocèles parmi ces figures.**

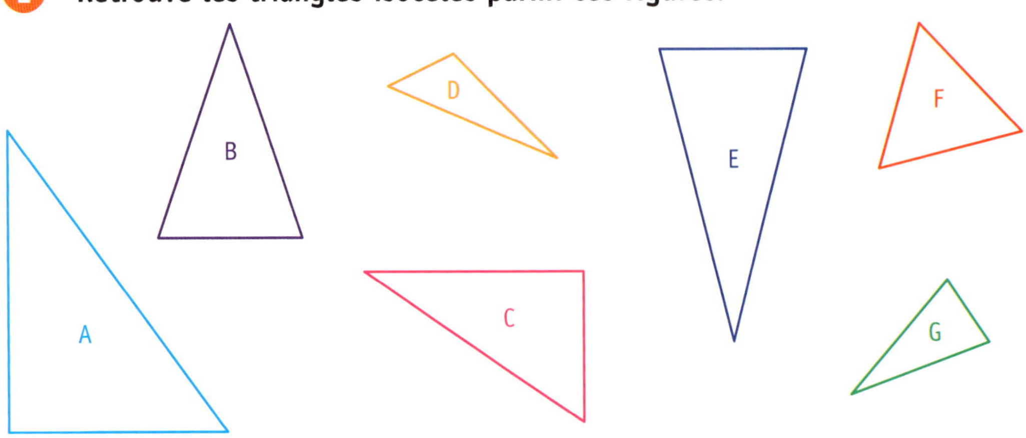

2 * **Retrouve les triangles rectangles parmi ces figures.**

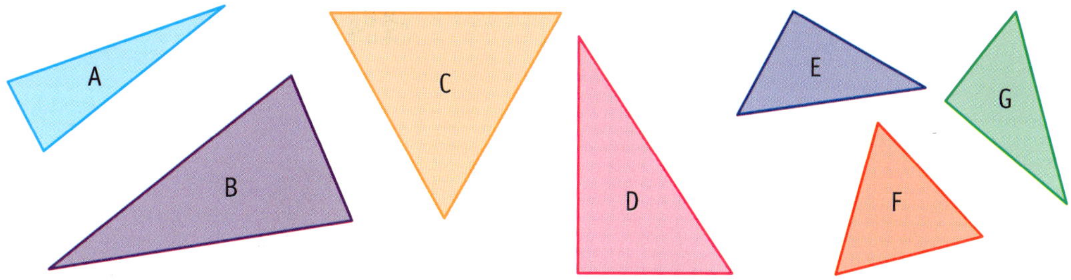

3 * **Retrouve les triangles équilatéraux parmi ces figures.**

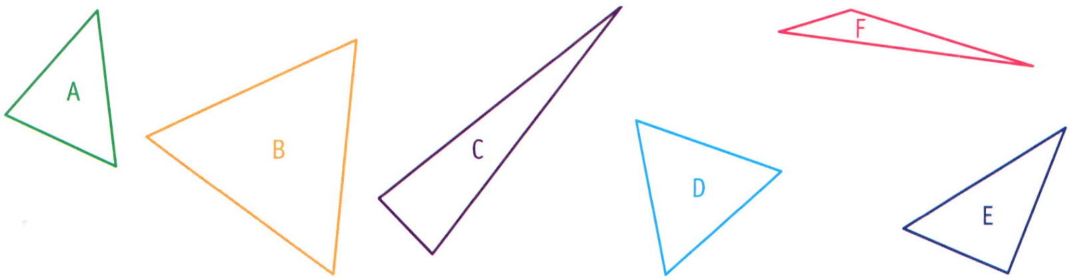

Décrire et nommer le triangle et ses cas particuliers

4 * **a.** Vérifie les propriétés des triangles et décris-les en utilisant les mots *côtés* et *angles*.

Utilise tes instruments pour vérifier !

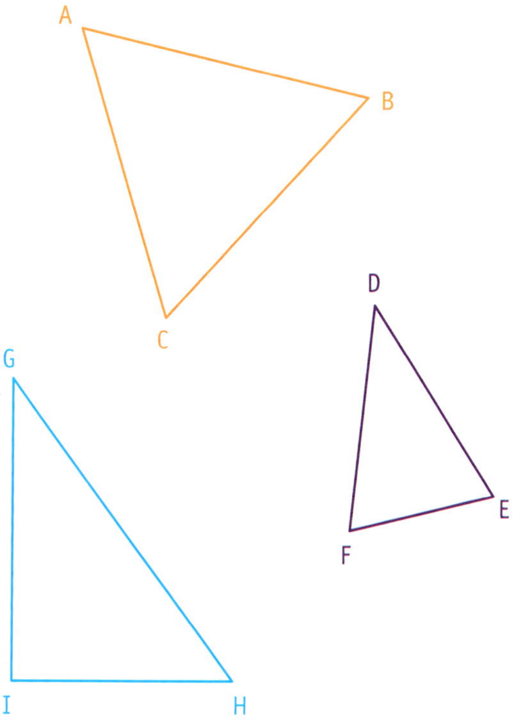

b. De quels types de triangles s'agit-il ?

5 ** **a.** Combien de triangles cette figure comprend-elle ?

b. Choisis deux triangles de cette figure, colorie-les et décris-les en utilisant les mots *côtés* et *angles*.

Défi

Décalque ce triangle isocèle. Découpe-le en deux triangles rectangles pour former un autre triangle isocèle, différent du premier.

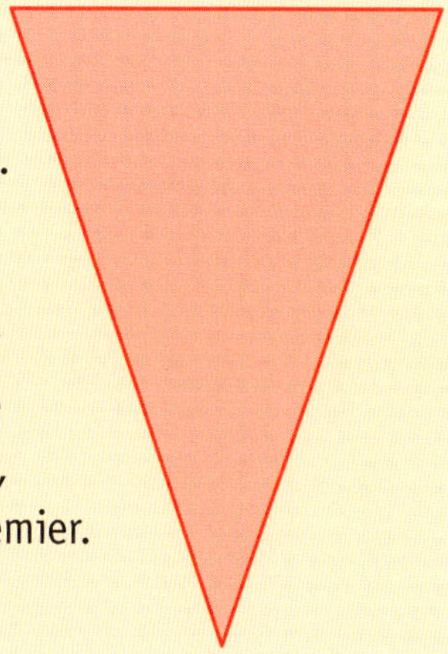

Géométrie

Reproduire et tracer un triangle rectangle

Les élèves de CE2 sont allés visiter la roseraie du château de Vizille. La maîtresse leur demande de dessiner le plan des parterres de fleurs dont certains ont la forme de triangles rectangles.

Cherchons

→ **Quelle particularité les élèves doivent-ils prendre en compte pour tracer les triangles rectangles ?**

→ **Quels instruments doit-on utiliser ?**

- Comme pour les autres figures, pour **reproduire** ou **tracer un triangle rectangle sur du papier quadrillé ou pointé**, on repère la position des sommets, puis on trace les segments à la règle.
- Pour **reproduire** ou **tracer un triangle rectangle sur du papier uni**, on utilise la règle graduée et l'équerre.

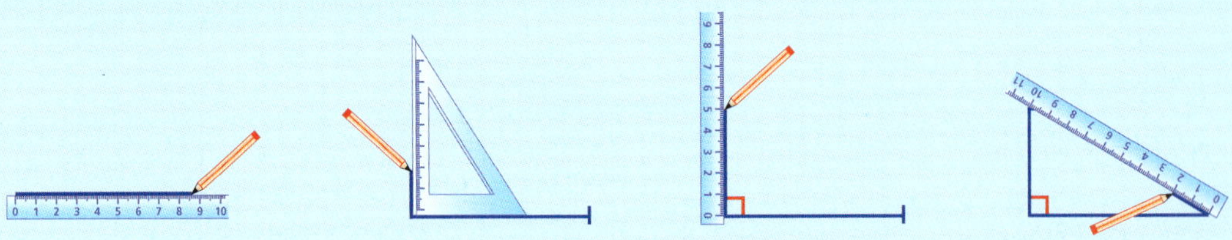

Tracer et reproduire des triangles rectangles sur du papier quadrillé ou pointé

1 * **Reproduis ces triangles sur ton cahier.**

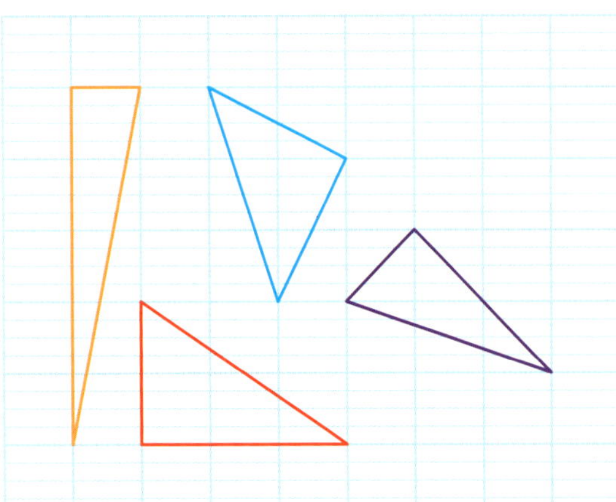

2 * **En te servant des points, trace trois triangles rectangles.**

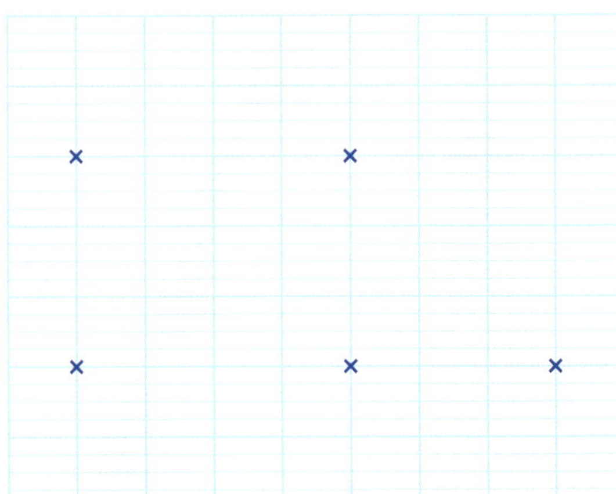

3 ** **Reproduis ces triangles sur du papier pointé.**

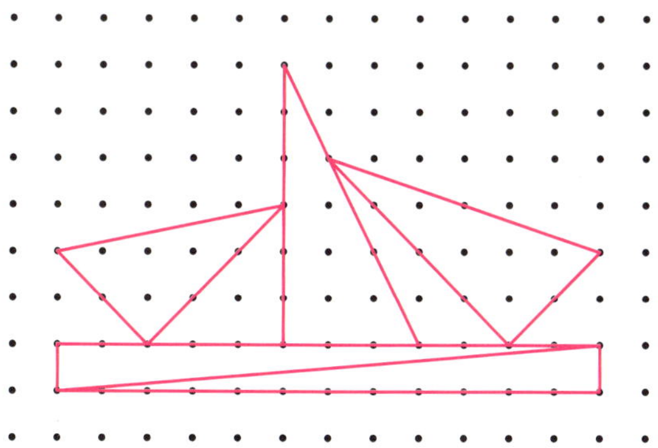

4 ** **En te servant des points, trace trois triangles rectangles.**

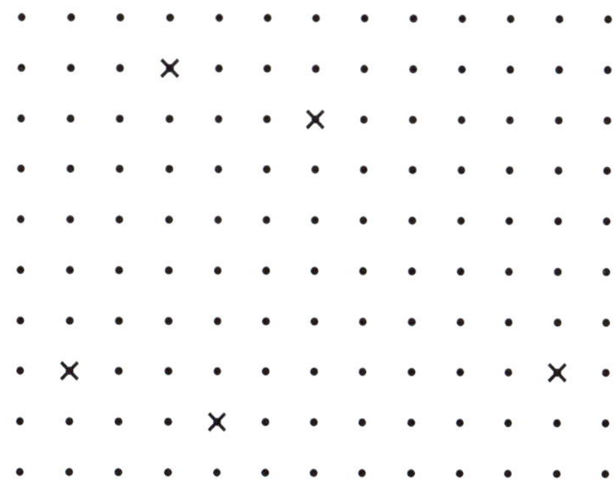

Tracer et reproduire des triangles rectangles sur du papier uni

5 * Éléonore a répondu à la consigne suivante :

> *Trace un triangle rectangle ABC tel que AB = 3 cm et AC = 4 cm.*

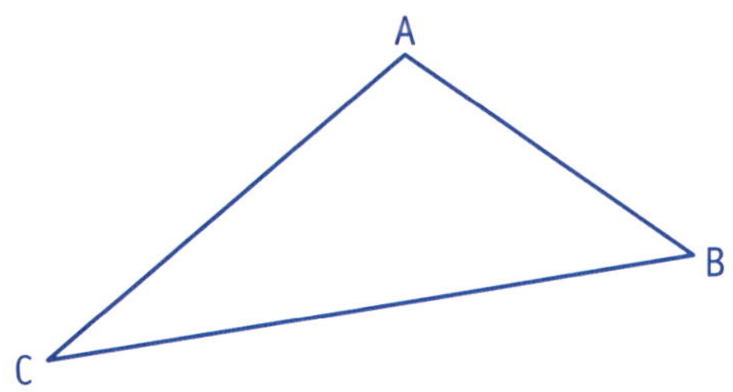

Penses-tu qu'Éléonore ait bien respecté la consigne ? Justifie ta réponse.

6 ** **Sur du papier uni, trace trois triangles rectangles dont les côtés de l'angle droit mesurent :**

a. 3 cm et 5 cm
b. 6 cm et 8 cm 5 mm
c. 2 cm et 4 cm

7 ** **Sur du papier uni, reproduis ces deux triangles rectangles en respectant les mesures du modèle.**

Commence par repérer les angles droits.

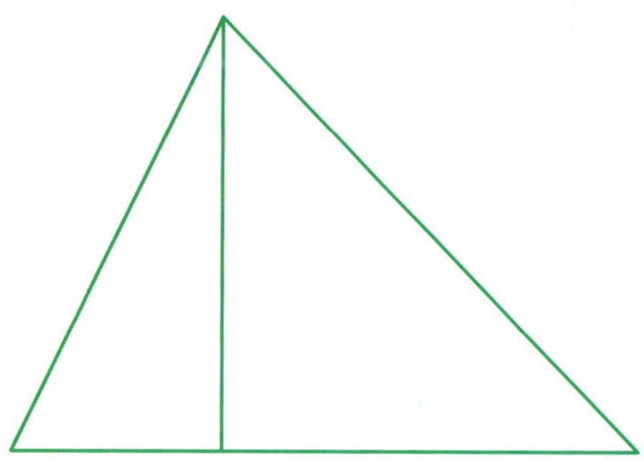

8 ** **Sur du papier uni, reproduis ces trois triangles rectangles en respectant les mesures du modèle.**

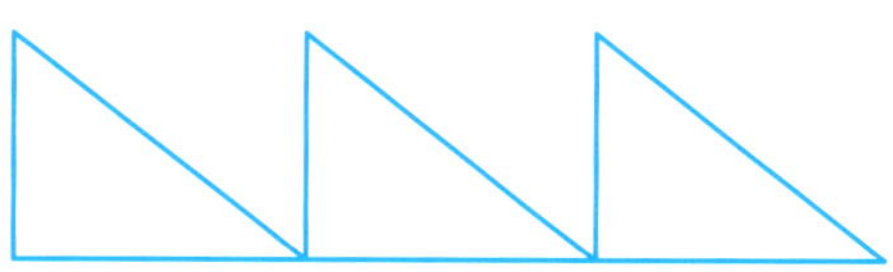

9 *** **Sur du papier uni, reproduis cette frise en respectant les mesures du modèle.**

Défi **Trace un rectangle de 6 cm de longueur et de 3 cm de largeur, puis partage-le en quatre triangles rectangles.**

Tracer un cercle avec un compas

Pour la danse de l'école, le maître a dessiné des croix sur la scène pour représenter le placement des enfants. Émilie est au centre, les autres se placent à 3 mètres d'elle.

Cherchons

→ **Sur ton cahier, place un point E pour représenter l'emplacement d'Émilie.**

→ **Pour représenter l'emplacement des autres enfants, place des points autour du point E, à 3 cm (3 cm représentent 3 mètres).**

→ **Quelle forme se dessine autour du point E ? Avec quel instrument peux-tu tracer cette forme ?**

▶ **Un cercle est formé par tous les points situés à la même distance de son centre.** Cette **distance** s'appelle le **rayon du cercle.**

▶ Pour **construire un cercle** :

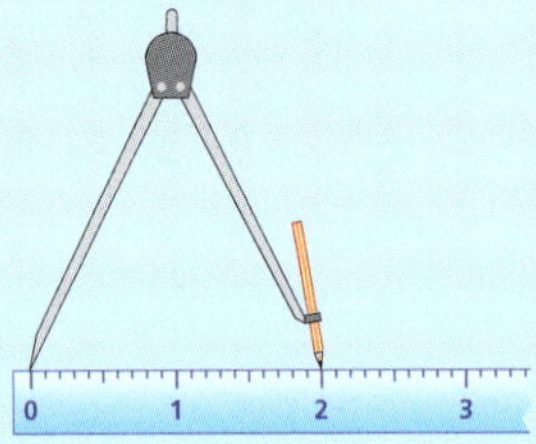

1 Fixe l'écartement de ton compas pour obtenir le rayon du cercle.

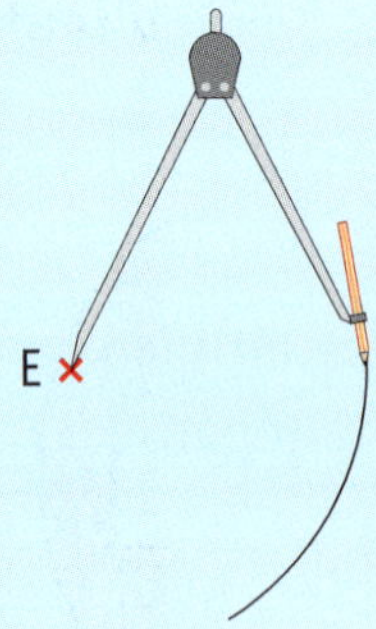

2 Marque le centre du cercle. Place la pointe du compas sur ce point. Fais tourner la mine du compas sans changer l'écartement.

Observer un cercle, son centre et son rayon

1 * **Vrai ou faux ?**

a. Le cercle de centre O a un rayon de 4 cm.
b. Le cercle de centre I a un rayon de 1 cm.
c. [AB] est le rayon du cercle de centre O.
d. C est un point du cercle de centre O.
e. D est un point du cercle de centre I.
f. E est un point du cercle de centre O.
g. A est un point des deux cercles.

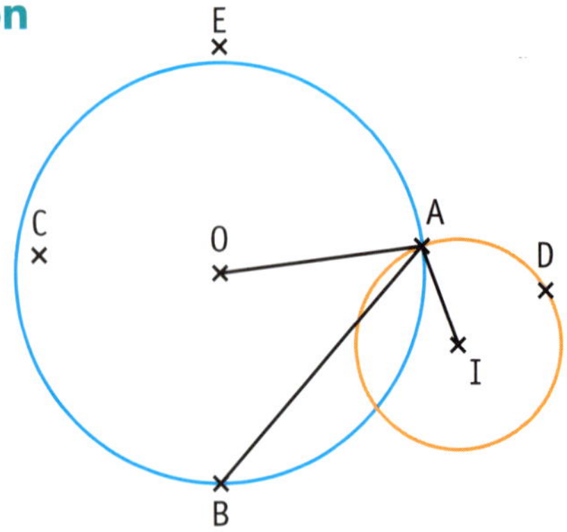

Tracer et reproduire un cercle

2 * **À l'aide de ton compas, trace :**

a. un cercle de centre O et de 7 cm de rayon.

b. un cercle de centre S et de 4 cm de rayon.

c. un cercle de centre Z et de 6 cm de rayon.

3 * **Reproduis ces cercles.**

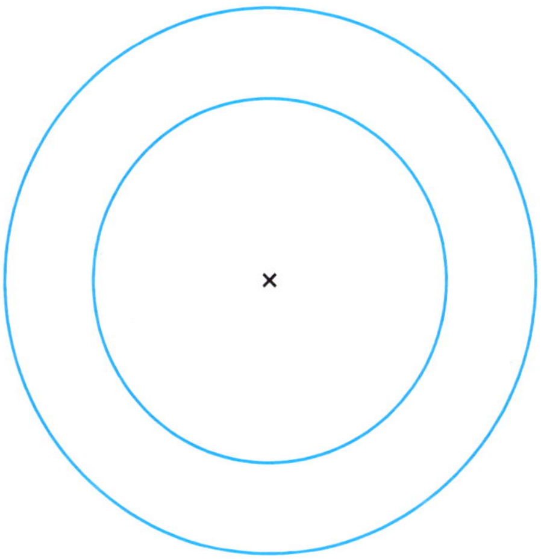

4 * **Reproduis ce panneau routier.**

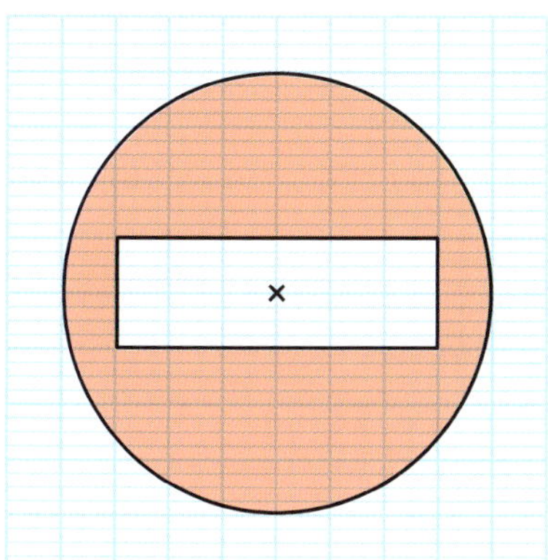

5 ** **Reproduis cette figure.**

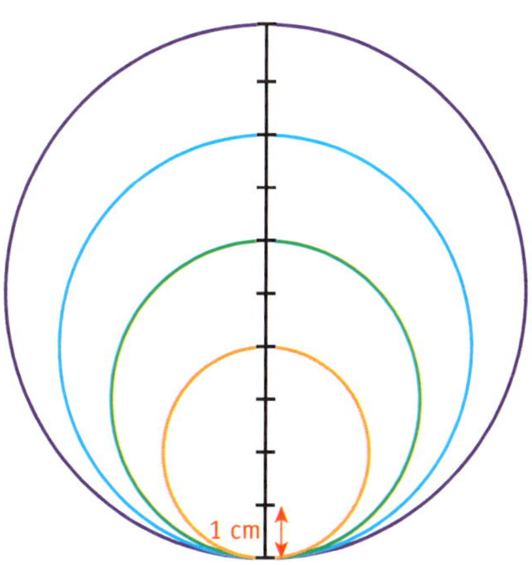

6 ** **Reproduis cette figure.**

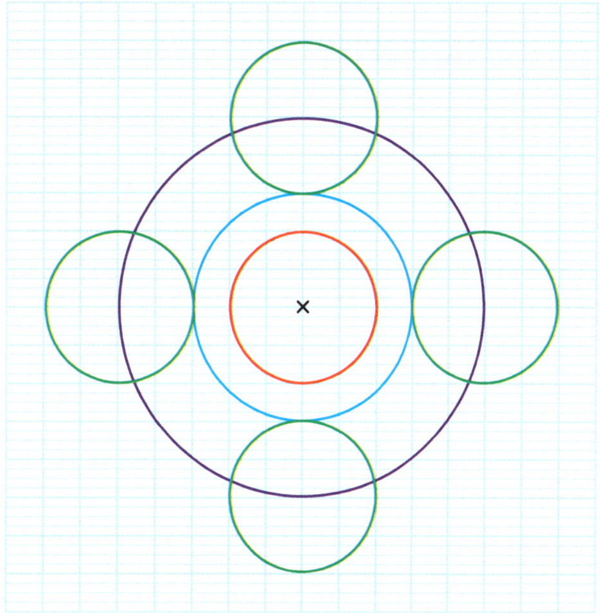

7 *** **Reproduis cette figure.**

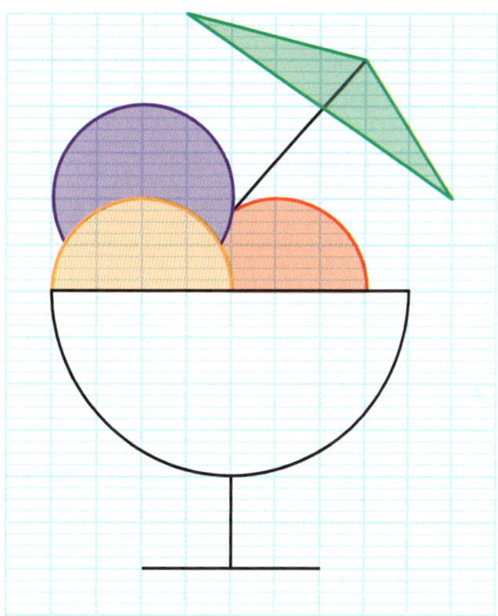

Défi **Sers-toi des informations en couleur pour reproduire cette pomme.**

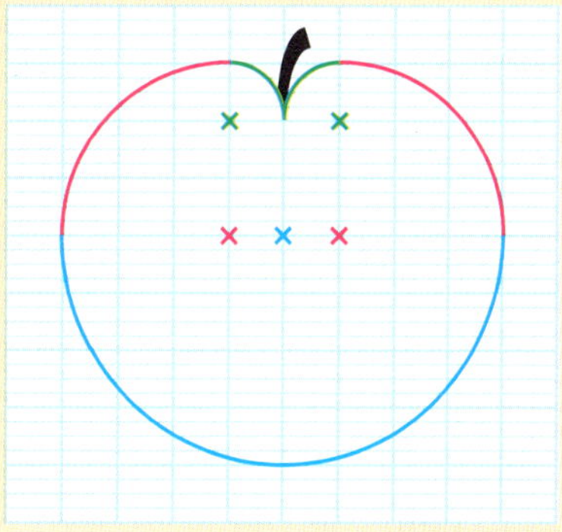

Révisions

Reconnaître, décrire et nommer le triangle et ses cas particuliers

1 * **Retrouve les triangles isocèles parmi ces figures.**

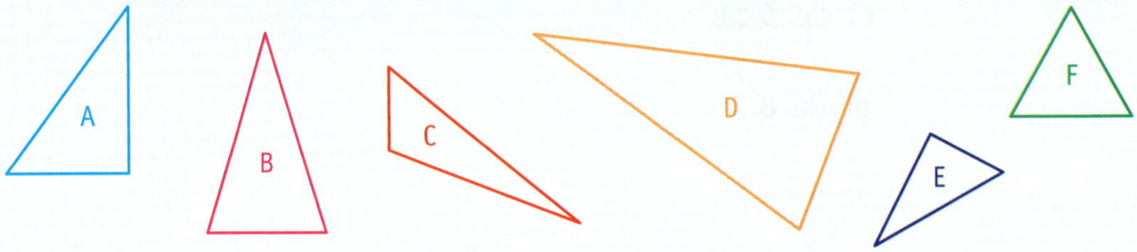

2 * **Retrouve les triangles équilatéraux parmi ces figures.**

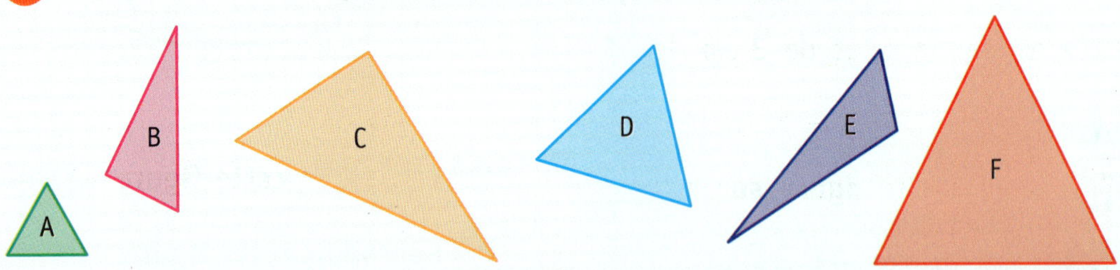

3 * * **Décris ces triangles en utilisant les mots *côtés* et *angles*. Indique s'il s'agit de triangles particuliers.**

Reproduire et tracer un triangle rectangle

4 * **Reproduis cette figure sur du papier pointé.**

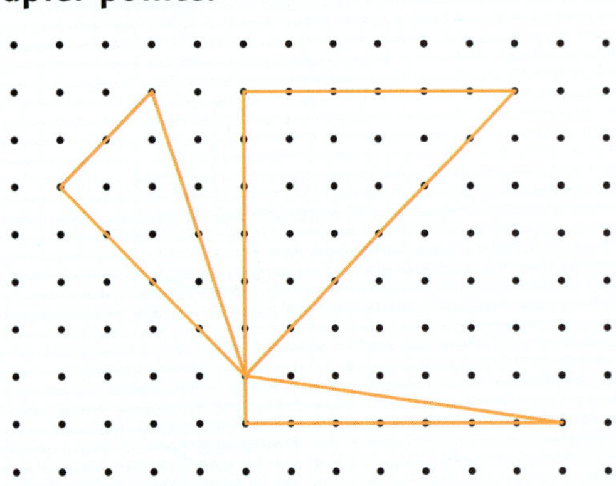

5 * * **Sur du papier uni, trace :**

a. un triangle ABC, rectangle en B ; AB = 2 cm et BC = 5 cm.

b. un triangle DEF, rectangle en E ; DE = 3 cm et EF = 6 cm.

c. un triangle GHI, rectangle en H ; GH = 4 cm et HI = 7 cm.

6 * * **Reproduis cette figure en respectant les mesures du modèle.**

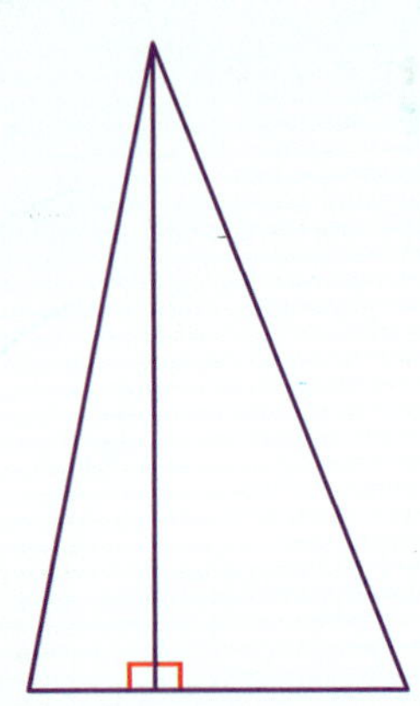

7 * * **Trace une figure composée de cinq triangles rectangles de tailles différentes.**

Tracer un cercle avec un compas

8 * **À l'aide d'un compas, trace :**

a. un cercle de centre O et de 9 cm de rayon.

b. un cercle de centre I et de 6 cm de rayon.

c. un cercle de centre M et de 8 cm de rayon.

d. un cercle de centre A et de 5 cm de rayon.

e. un cercle de centre P et de 4 cm de rayon.

f. un cercle de centre L et de 3 cm de rayon.

9 * * **Reproduis cette figure sur ton cahier.**

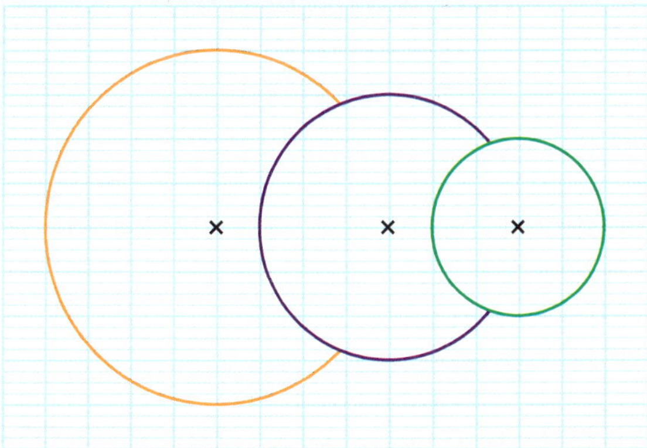

10 * * **Reproduis cette figure sur du papier uni en respectant les mesures indiquées en rouge.**

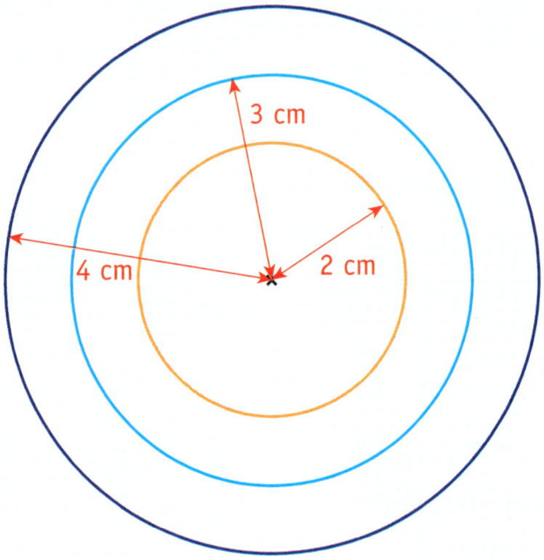

11 * * **Reproduis cette figure sur du papier uni en respectant les mesures indiquées en rouge.**

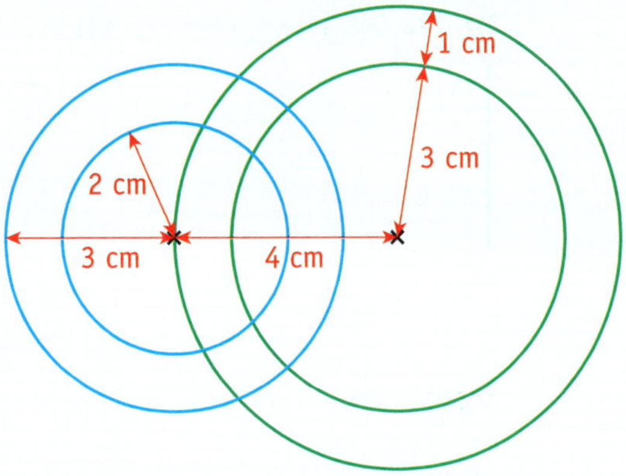

12 * * * **Reproduis cette figure sur ton cahier.**

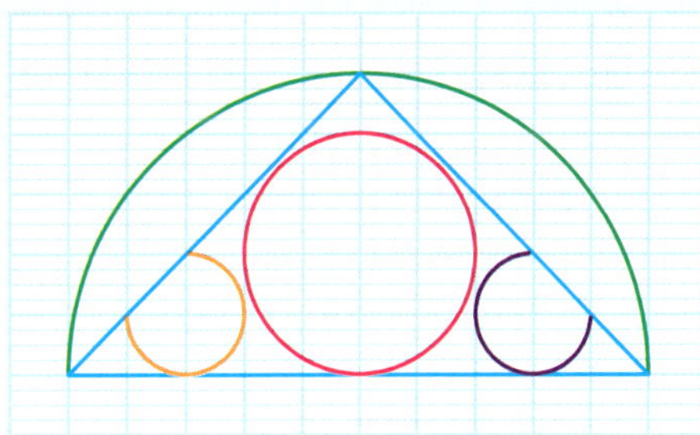

13 * * * **Reproduis cette figure sur du papier uni.**

Commence par tracer le segment rouge de 2 cm.

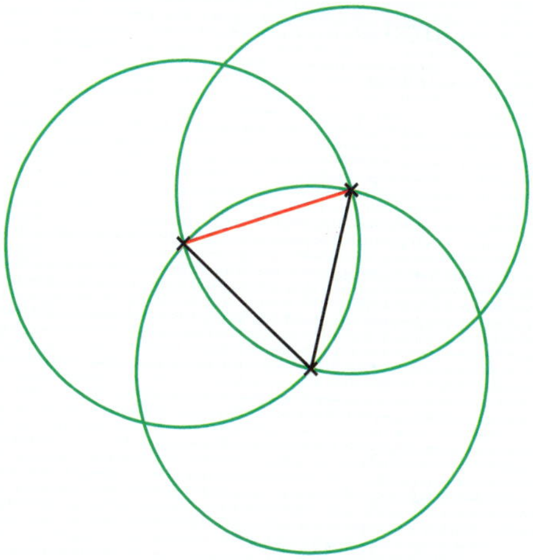

Reconnaître et tracer des axes de symétrie

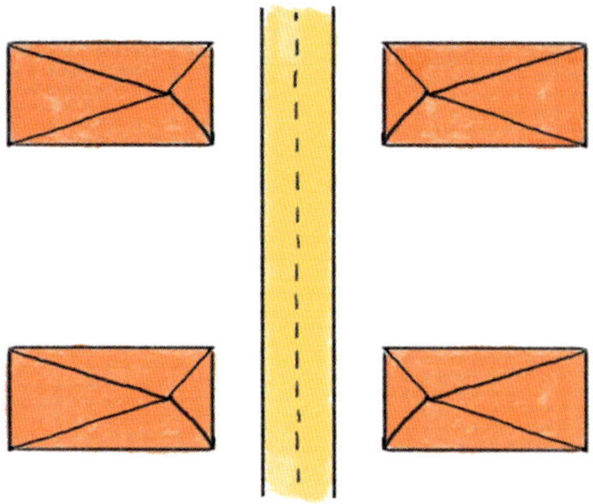

Voici quatre maisons et une allée vues d'en haut.

→ **Décalque ce plan et plie le calque le long des pointillés. Que constates-tu ?**

→ **Plie le plan autrement, en superposant bien les deux parties, puis trace une autre allée.**

L'axe de symétrie est une droite qui partage une figure en deux parties superposables par pliage.

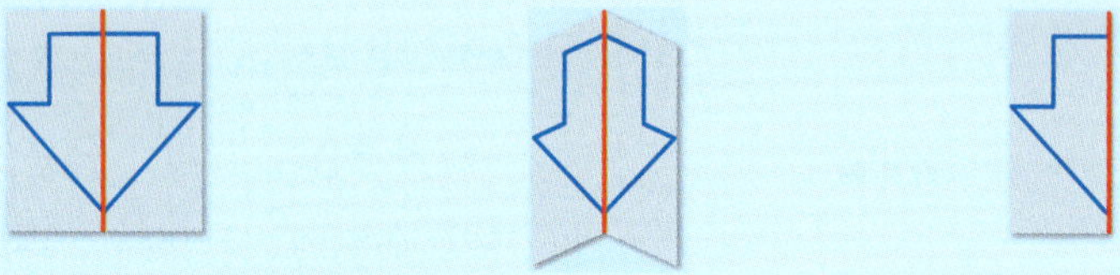

Deux figures peuvent être symétriques l'une par rapport à l'autre :
– elles sont à la même distance de l'axe ;
– elles se superposent par pliage, le long de l'axe.

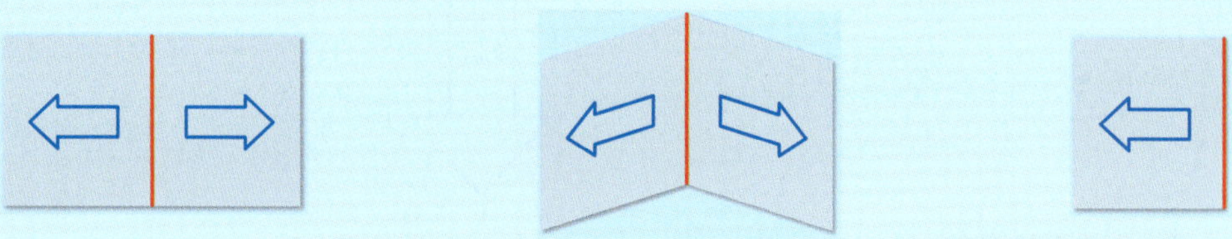

Une figure peut posséder **plusieurs axes de symétrie**.

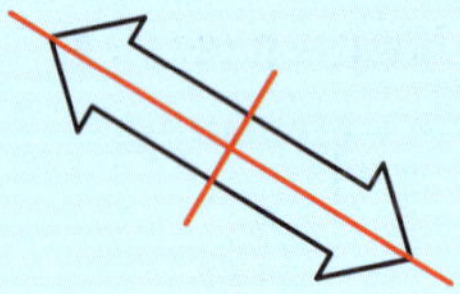

Repérer un axe de symétrie

1 * **La ligne rouge est-elle un axe de symétrie ?**

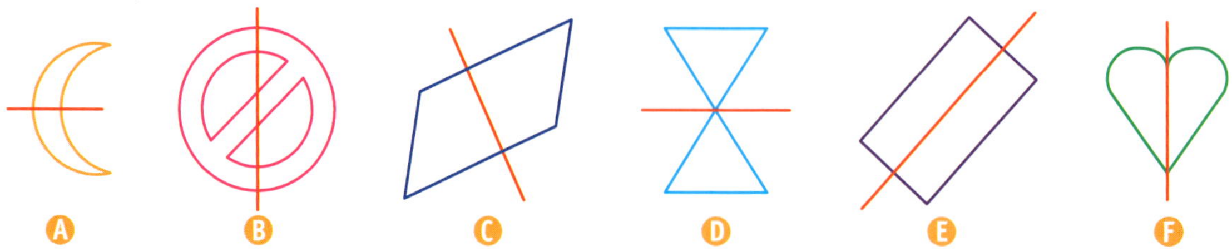

2 * Découpe et plie la figure pour savoir si la ligne rouge est un axe de symétrie.

A B

3 ** Décalque et plie la figure pour savoir si la ligne rouge est un axe de symétrie.

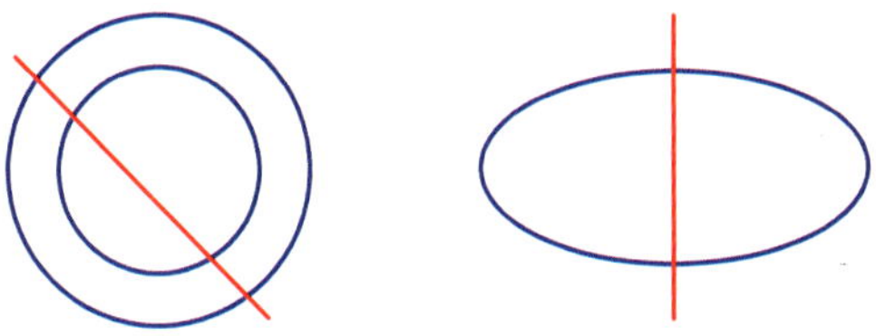

A B

Tracer un axe de symétrie

4 * Reproduis ces lettres et trace leur(s) axe(s) de symétrie quand il y en a.

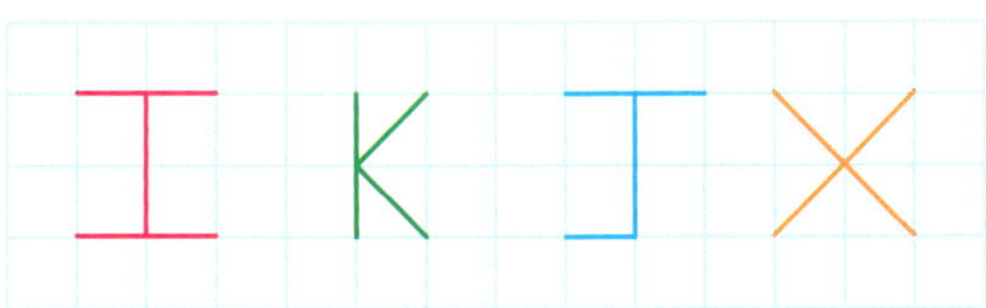

5 ** Même exercice.

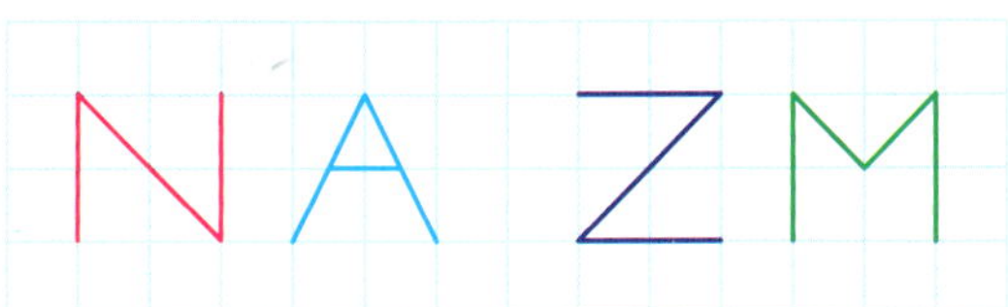

6 ** Reproduis ces figures et trace leur(s) axe(s) de symétrie.

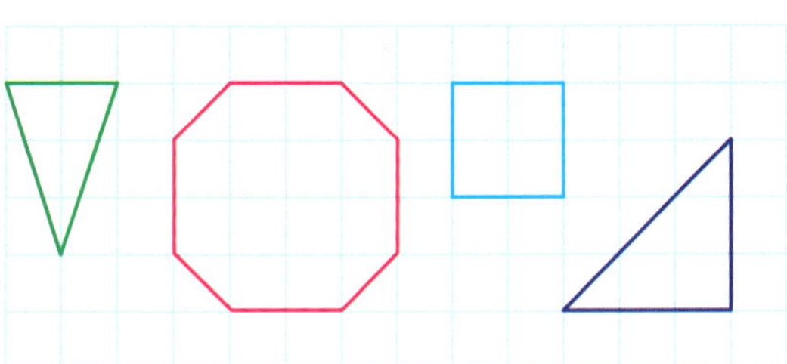

Repérer l'axe de symétrie entre deux figures symétriques

7 * Indique la couleur des lignes qui sont des axes de symétrie.

Tracer l'axe de symétrie entre deux figures symétriques

8 ** Décalque ces figures et plie ton papier calque pour trouver l'axe de symétrie.

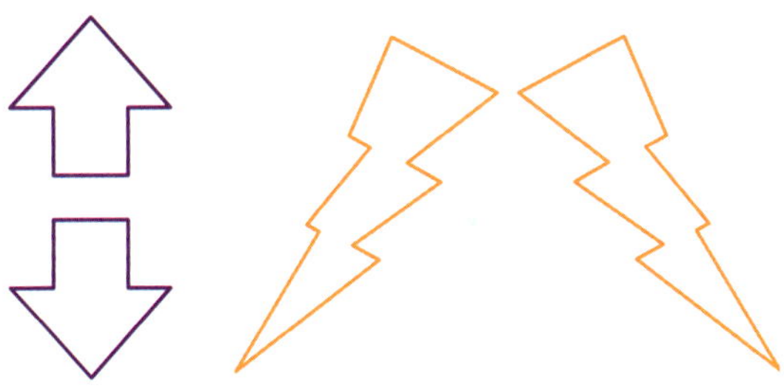

9 *** Reproduis ces figures et trace leur axe de symétrie.

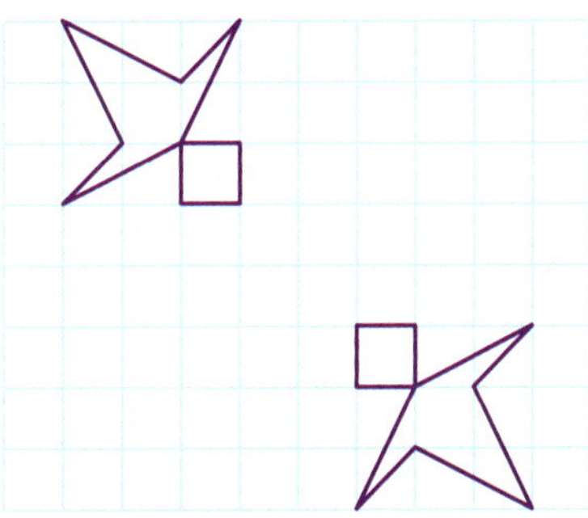

Défi Cherche trois prénoms dont toutes les lettres en capitales ont au moins un axe de symétrie.

Tracer le symétrique d'une figure

Léna a reproduit le cerf-volant par symétrie, par rapport à l'axe rouge.

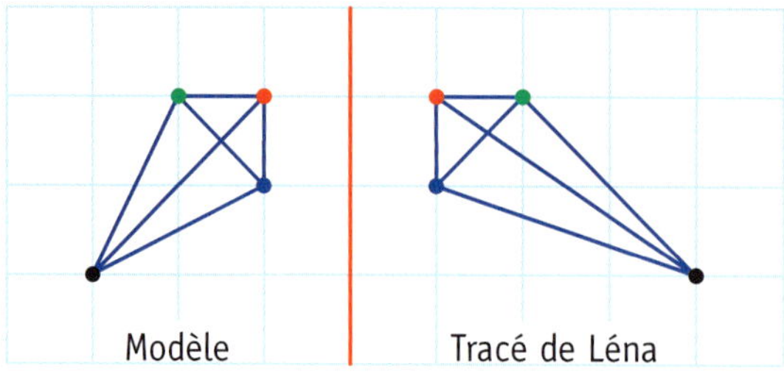

Cherchons

→ **Observe la position des points rouges, bleus, verts et de leur symétrique par rapport à l'axe. Que remarques-tu ?**

→ **Observes-tu la même chose pour les deux points noirs ?**

→ **Comment place-t-on le symétrique d'un point ?**

On peut **se repérer sur un quadrillage** pour **tracer le symétrique d'une figure** point par point.

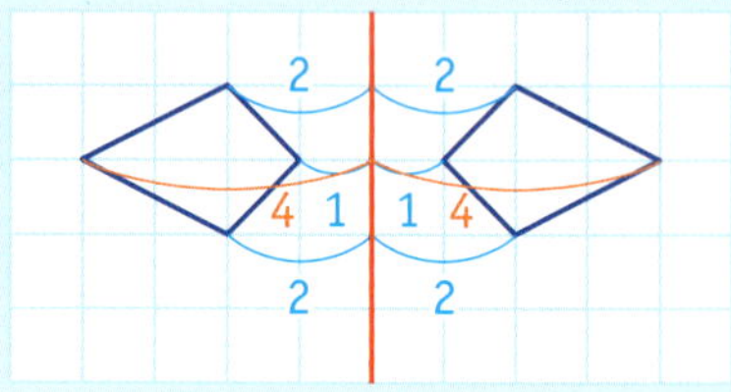

Repérer des tracés symétriques

1 * **Quelles figures sont symétriques par rapport à l'axe rouge ?**

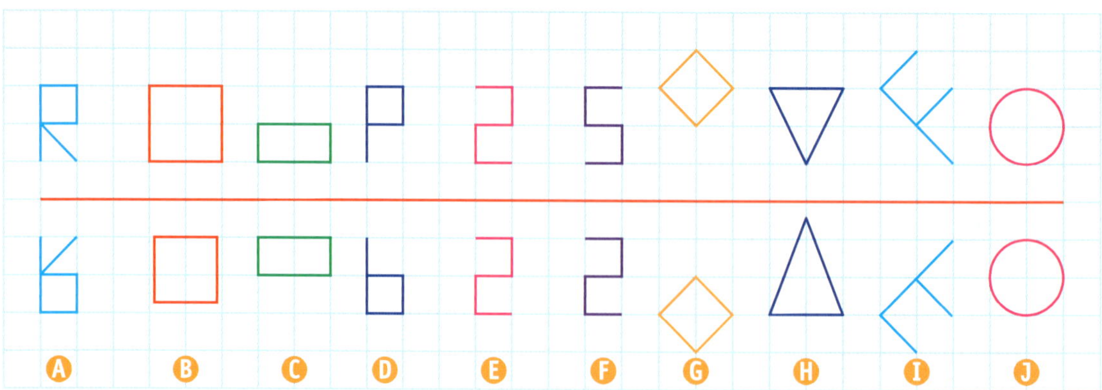

Tracer des figures symétriques

2 * **Reproduis ces figures, puis trace leur symétrique par rapport à l'axe rouge.**

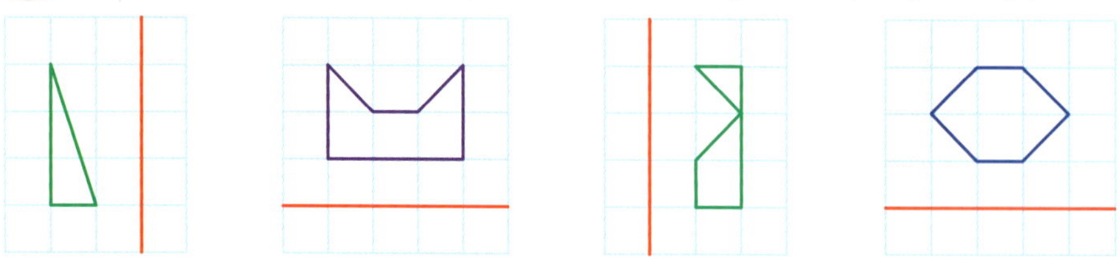

N'oublie pas de reproduire l'axe.

3 ** Reproduis la figure et trace son symétrique par rapport à l'axe rouge.

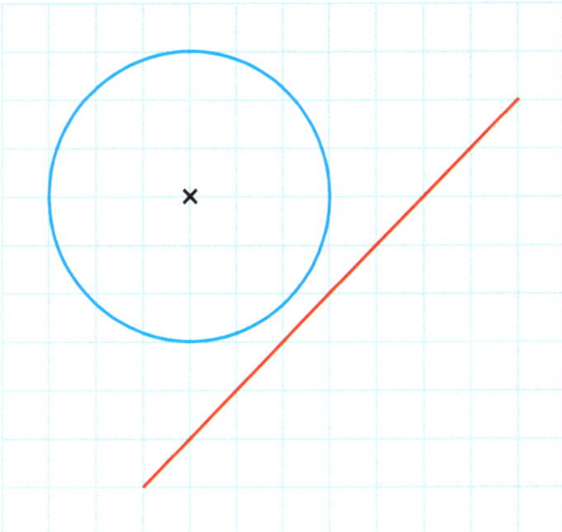

4 ** Reproduis la figure et trace son symétrique par rapport à l'axe rouge.

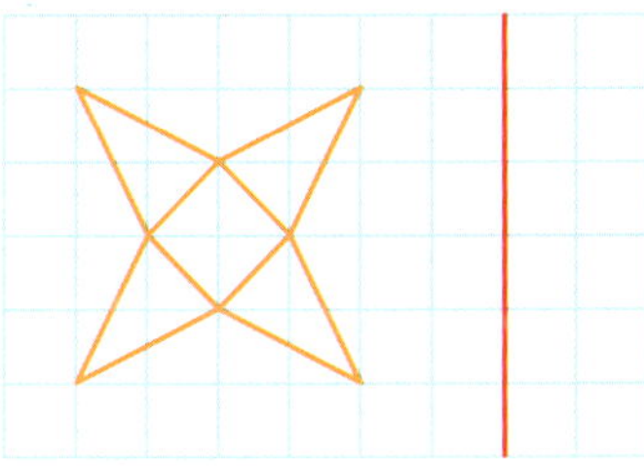

5 ** Reproduis la figure et trace son symétrique par rapport à l'axe rouge.

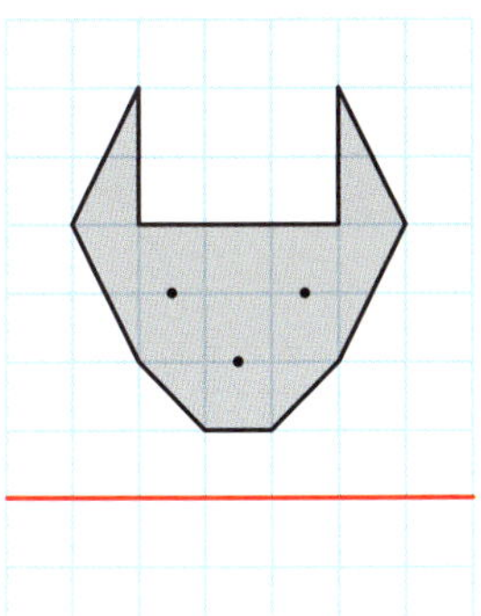

6 ** Reproduis la figure et trace son symétrique par rapport à l'axe rouge.

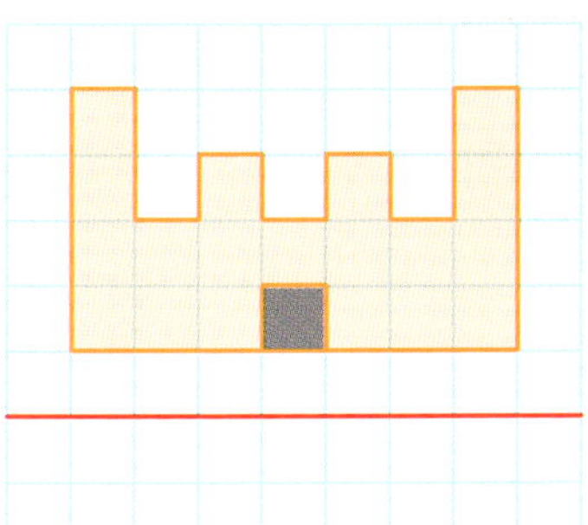

7 ** Ces frises sont construites par symétrie. Reproduis-les et continue-les.

Commence par tracer le bandeau de la frise.

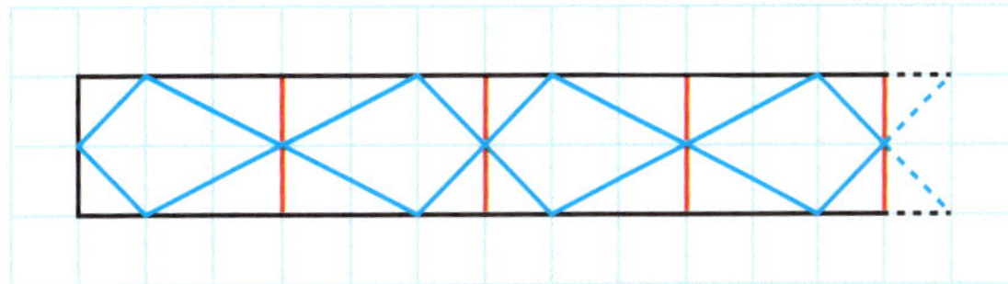

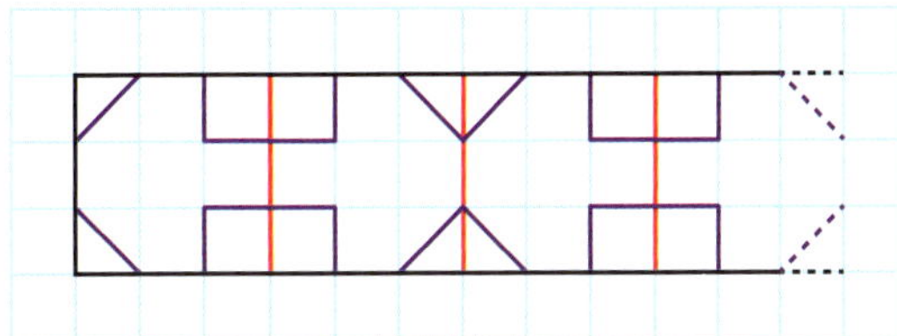

8 *** Reproduis ces figures et trace leur symétrique par rapport à l'axe rouge.

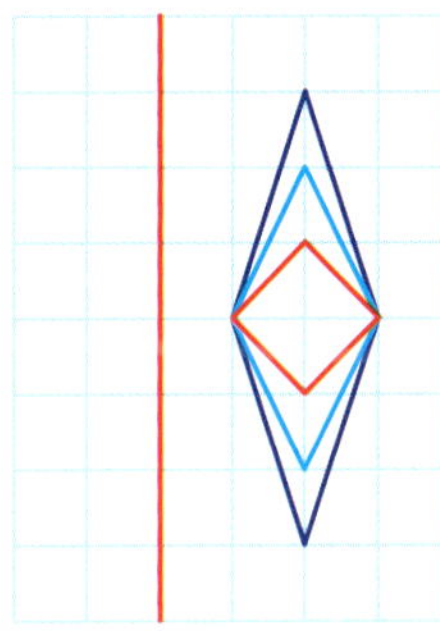

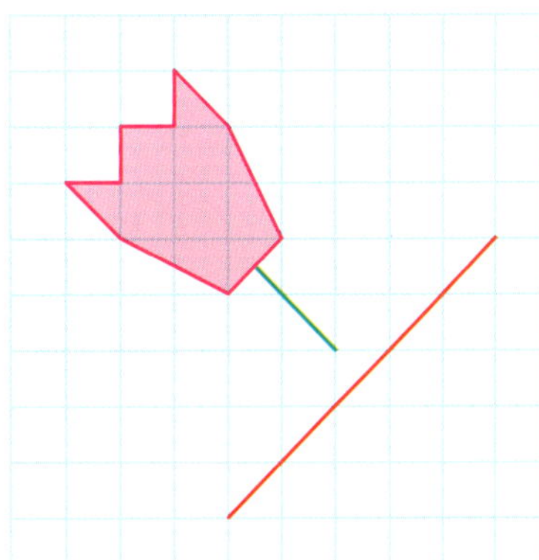

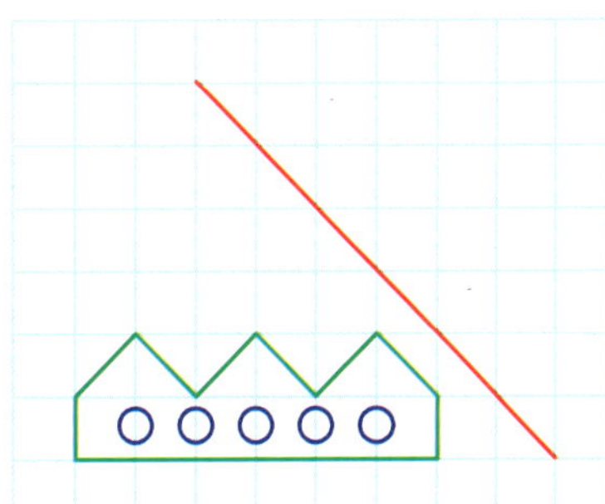

Défi Invente une frise construite par symétrie et colorie-la.

Révisions

Repérer un axe de symétrie

1 * La ligne rouge est-elle un axe de symétrie ?

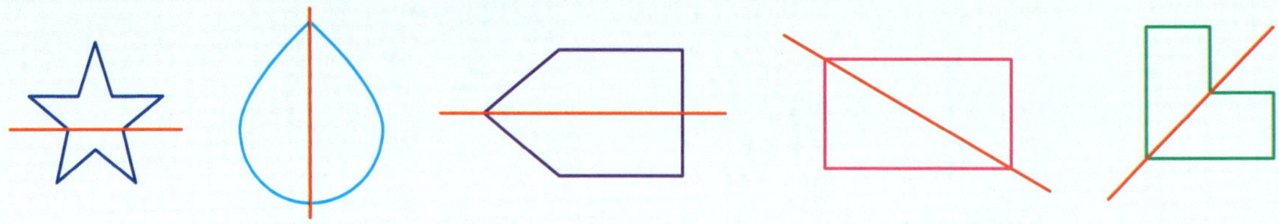

A B C D E

2 * Décalque et plie chaque figure pour savoir si la ligne rouge est un axe de symétrie.

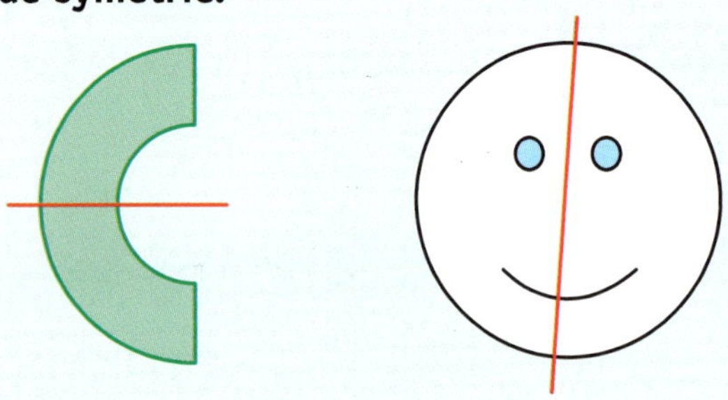

3 ** Reproduis, découpe et plie la figure selon les lignes vertes et bleues. Quelle est la couleur de son axe de symétrie ?

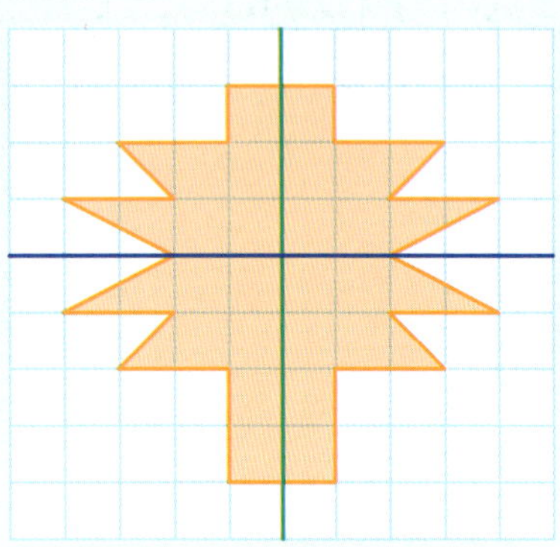

Tracer un axe de symétrie

4 * Reproduis ces figures et trace leur(s) axe(s) de symétrie.

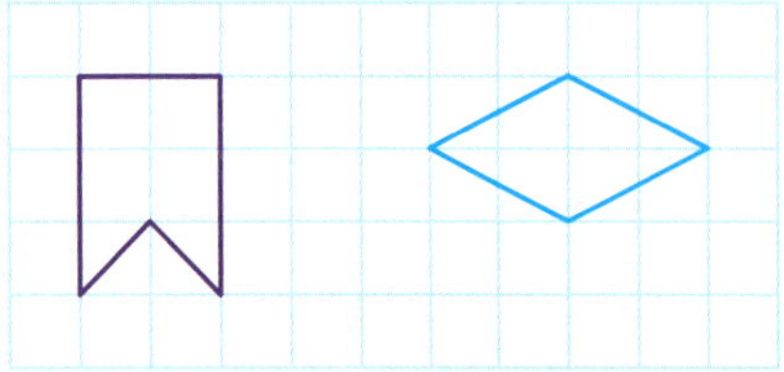

5 ** Reproduis ces figures, puis trace leur(s) axe(s) de symétrie.

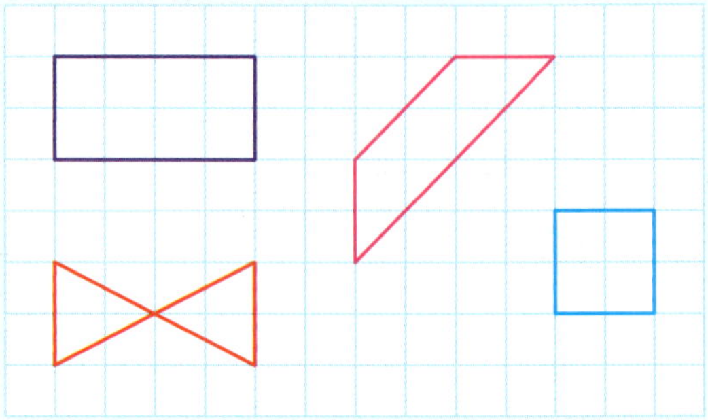

Repérer l'axe de symétrie entre deux figures symétriques

6 * Indique la couleur de la ligne qui est un axe de symétrie.

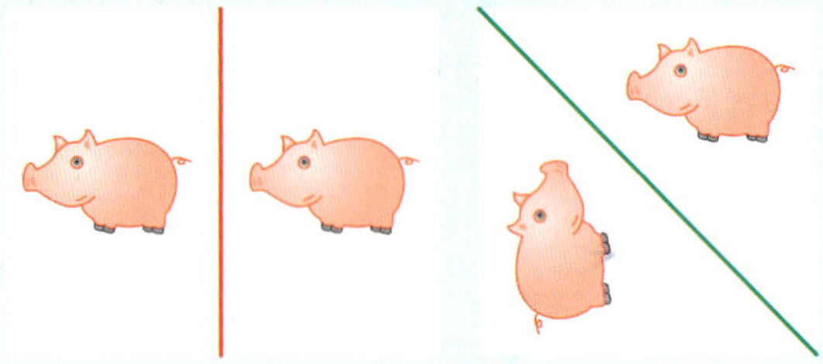

7 * Décalque ces figures et plie ton tracé pour trouver leur axe de symétrie.

8 ** **Reproduis ces figures, puis trace leur axe de symétrie.**

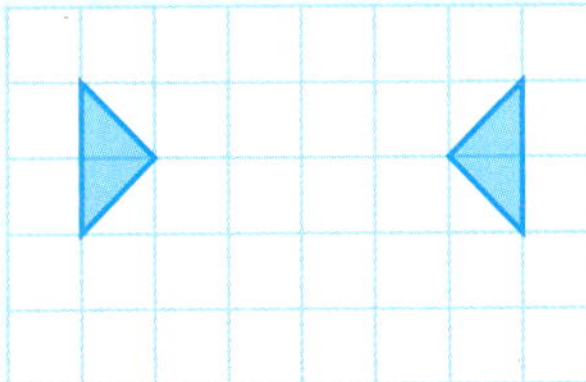

Repérer et tracer des figures symétriques

9 ** **a.** Quelles figures sont symétriques par rapport à l'axe rouge ?

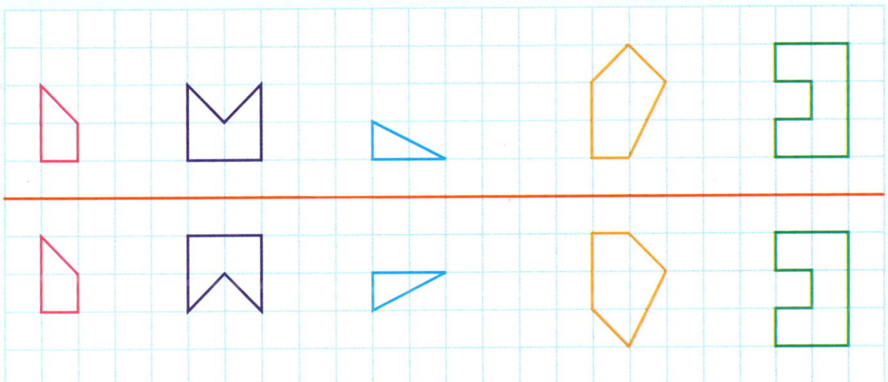

b. Dans les cas où les tracés ne sont pas symétriques, reproduis les figures sur ton cahier de façon à ce qu'elles soient symétriques.

10 ** **Reproduis la figure et trace son symétrique par rapport à l'axe rouge.**

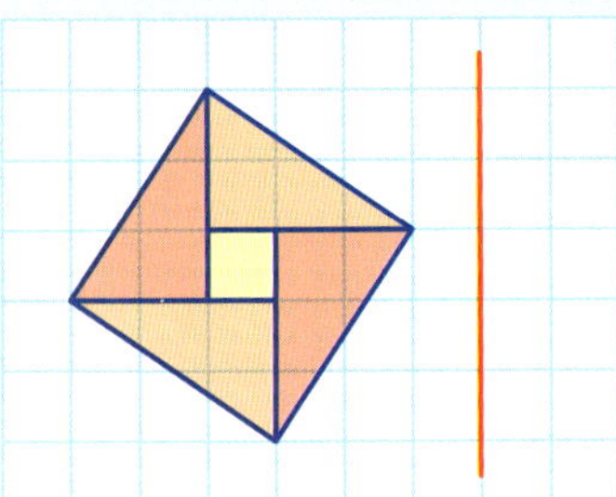

11 ** **Reproduis la figure et trace son symétrique par rapport à l'axe rouge.**

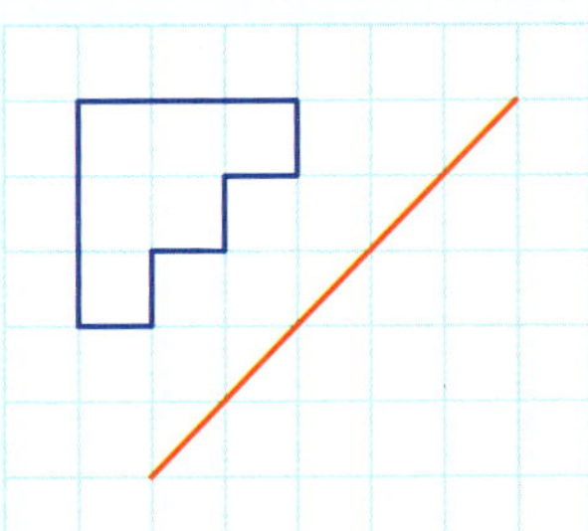

12 ** **Cette frise est construite par symétrie. Reproduis-la et continue-la.**

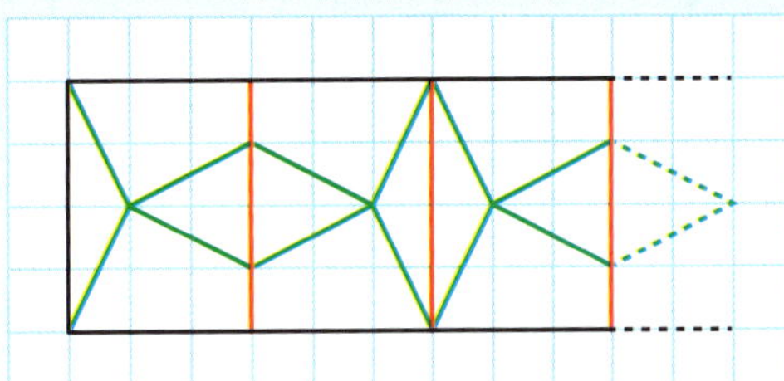

13 *** **Reproduis cette figure. Trace son symétrique par rapport à l'axe bleu. Trace ensuite le symétrique de tout le tracé par rapport à l'axe rouge.**

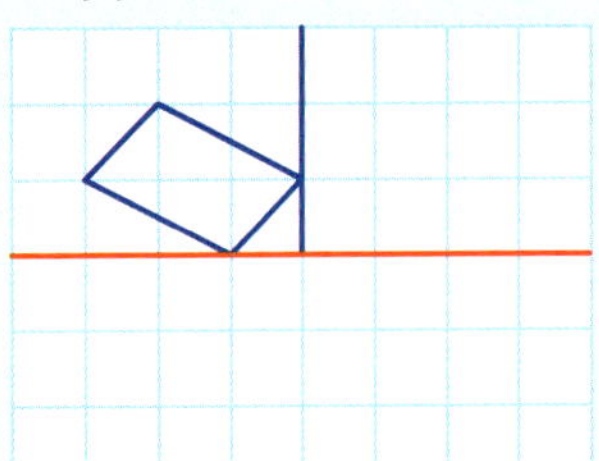

Connaître la relation entre euro et centime d'euro

Cherchons

→ **Écris en euros la somme d'argent que possède Delphine.**
→ **Écris en centimes d'euro la somme d'argent que possède Charlotte. Écris cette somme en euros et centimes d'euro.**
→ **Que penses-tu de ce que dit Delphine ?**

▶ La **monnaie** utilisée en France est l'**euro**. Son symbole est **€**. La France partage cette monnaie avec d'autres pays européens.

Les billets (en euros)	Les pièces
	• les euros  • les centimes d'euro 

▶ **1 euro** équivaut à **100 centimes d'euro.** **1 € = 100 c**

Utiliser la monnaie

1 * **Dessine les billets nécessaires pour réunir chaque somme. Utilise le moins de billets possible.**

130 € 370 € 890 € 145 €

2 * **Dessine les pièces nécessaires pour réunir chaque somme. Utilise le moins de pièces possible.**

7 € 3 € 50 c 4 € 75 c 8 € 17 c

Convertir des sommes

3 * **Convertis chaque somme en centimes d'euro.**

Ex. : 3 € = 300 c

6 € — 18 € — 5 € — 45 € — 20 € — 12 €

4 * **Convertis chaque somme en euros.**

Ex. : 200 c = 2 €

400 c — 900 c — 1 000 c — 700 c — 1 400 c

5 ** **Convertis chaque somme en centimes d'euro.**

Ex. : 3 € 50 c = 300 c + 50 c = 350 c

4 € 50 c — 2 € 21 c — 8 € 10 c — 8 € 1 c

6 ** **Convertis chaque somme en euros et centimes d'euro.**

Ex. : 550 c = 500 c + 50 c = 5 € 50 c

750 c — 605 c — 1 450 c — 2 801 c

Comparer des sommes

7 * Marie a 2 €. Julie a 230 c. Sacha possède 2 € 28 c. Qui a le plus d'argent ? Qui en a le moins ?

8 ** Voici le prix moyen d'un plein de 40 L de diesel dans divers pays européens.

France : 57 € 96 c
Espagne : 5 040 c
Grèce : 60 € 48 c
Allemagne : 5 780 c
Belgique : 52 € 96 c

Range ces pays en fonction du prix du diesel, dans l'ordre croissant.

Calculer des sommes

9 * Quentin avait 4 € dans sa tirelire. Il ajoute 2 billets de 10 €, 2 pièces de 2 € et 1 pièce de 50 c.
Quelle somme d'argent a-t-il à présent ?

10 ** **Complète.**

a. 4 € 50 c + … = 5 €
b. 9 € 75 c + … = 10 €
c. 12 € 10 c + … = 15 €
d. 8 € 87 c + … = 20 €

11 ** Lenny a un billet de 50 €. Combien lui rendra-t-on s'il achète :

a. un jeu vidéo à 42 € ?
b. un vaisseau spatial à 47 € 50 c ?
c. une peluche géante à 46 € 80 c ?
d. un livre de contes à 23 € ?

12 *** Melvin possède un billet de 5 €. Il souhaite acheter des cartes postales qui coûtent 1 € 20 c l'une.

a. Combien de cartes postales peut-il acheter au maximum ?
b. Quelle somme va-t-il payer s'il achète trois cartes postales ? Combien lui rendra-t-on ?

13 *** Le papa de Nicolas veut acheter un ordinateur qui coûte 676 € 50 c. Il possède 1 000 € en billets de 10 €.

a. Combien de billets de 10 € va-t-il donner pour payer son achat ?
b. Quelle somme d'argent va-t-on lui rendre ?

Défi Tu as des billets de 10 €, des billets de 5 €, des pièces de 2 € et des pièces de 1 €.
Trouve plusieurs façons de réunir 13 €.

Il existe 16 solutions !

Connaître les relations entre les unités de temps

Pierre est parti pour 31 mois à New York, en Amérique, et Nolan est parti pour 4 ans à Tokyo, au Japon. Une fois installés dans leur avion, Pierre a attendu le décollage 900 secondes et Nolan, 12 minutes. Pendant le vol, Pierre a dormi 3 heures et Nolan, 200 minutes.

Cherchons

→ **Qui reste le plus longtemps à l'étranger ?**

→ **Qui a attendu le moins longtemps avant le décollage de l'avion ?**

→ **Qui a dormi le plus longtemps ?**

- Le **temps** peut se mesurer en **années**, **mois**, **jours**, **heures**, **minutes**, **secondes**.
  - Dans 1 année, il y a 12 mois. Il y a aussi 365 jours (366 les années bissextiles).
  - Dans 1 mois, il y a 30 ou 31 jours (28 ou 29 en février).
  - Dans 1 jour, il y a 24 heures.
  - Dans 1 heure, il y a 60 minutes : **1 h = 60 min**.
  - Dans 1 minute, il y a 60 secondes : **1 min = 60 s**.
  - Dans 1 heure, il y a 3 600 secondes : **1 h = 3 600 s**.
- Lorsqu'on veut **comparer des durées**, on doit d'abord les **exprimer avec la même unité**. On dit qu'on les convertit.

Estimer des mesures de durées

1 * **Associe la durée de chaque événement à l'unité qui convient.**

a. une nuit de sommeil
b. une chanson
c. les vacances d'hiver
d. la vie d'un chat
e. un plongeon
f. une saison
g. une récréation
h. une journée de classe

heures
minutes
secondes
jours
mois
années

Convertir des durées : années, mois et jours

2 * **Convertis ces durées en mois.**

a. 1 an
b. 2 ans
c. 4 ans 1 mois
d. 3 ans 6 mois

3 * **a.** Vénus tourne autour du Soleil en 225 jours. Est-ce plus ou moins d'une année ?

b. La Terre tourne autour du Soleil en 365 jours. À combien d'années cela correspond-il ?

4 ** Jules reçoit de ses parents 10 € chaque mois pendant 48 mois. Pendant combien d'années recevra-t-il cette somme ?

5 ** Aujourd'hui, 24 novembre 2011, Kadiatou a eu 8 ans. Sa mère lui a promis que pour ses 10 ans, elle lui achèterait un nouveau vélo.

a. Combien de mois Kadiatou doit-elle attendre ?

b. Le 24 novembre 2012, combien de jours lui restera-t-il à attendre avant d'avoir son nouveau vélo ?

Convertir des durées : heures, minutes et secondes

6 * **Convertis ces durées en minutes.**

Rappelle-toi : 1 heure = 60 minutes.

a. 2 h
b. 5 h
c. 3 h
d. 4 h
e. 1 h 30 min
f. 2 h 10 min

7 * Estelle a mis 180 minutes à lire *La Petite Sirène*. Combien d'heures cela représente-t-il ?

8 * **Convertis ces durées en secondes.**

Rappelle-toi : 1 minute = 60 secondes.

a. 3 min
b. 9 min
c. 10 min 40 s
d. 2 min 10 s

9 ** Louise a 2 minutes de trajet entre la maison et son cours de judo. Combien de secondes met-elle pour revenir de son cours ?

10 ** **Convertis ces durées en heures et minutes.**

Ex. : 65 min = 60 min + 5 min = 1 h 5 min

a. 63 min
b. 70 min
c. 122 min
d. 86 min
e. 247 min
f. 320 min

11 ** Combien d'épisodes de *Yakari* de 10 min peut-on regrouper sur un DVD de 2 h ?

12 *** Pour s'endormir, la petite sœur de Maelys écoute des comptines sur un CD de 10 minutes. Chaque comptine dure 30 secondes. Combien de comptines pourra-t-elle écouter en tout ?

Comparer des durées

13 * **Complète avec <, > ou =.**

a. 55 min … 1 h
4 h … 260 min
2 h … 120 s

b. 2 h … 85 min
160 min … 3 h
3 600 s … 1 h

14 ** Manon a 26 mois.

a. Indique son âge en années et en mois.

b. Son grand frère a 3 ans. Combien de mois a-t-il de plus qu'elle ?

15 ** Michel est parti travailler pendant 4 ans au Mexique. Axel, lui, est parti pendant 30 mois. Cédric est parti pendant 300 jours.

a. Qui est parti le plus longtemps ?

b. Combien y a-t-il de mois d'écart entre le séjour de Michel et celui d'Axel ?

Défi Simon et Julien sont partis faire le tour du monde.
Simon est parti deux fois plus longtemps que Julien.
Julien est parti 12 mois de moins que Simon.
Combien d'années chaque garçon est-il parti ?

Lire l'heure

Cherchons

→ **Observe ce hall de gare. Sur l'horloge grise, que signifie le « 06 » ? Que signifie le « 05 » ?**

→ **Sur l'horloge verte, quelle aiguille indique les heures ? Quelle aiguille indique les minutes ?**

- Sur une horloge ou une montre à aiguilles, la **petite aiguille** indique les **heures**, la **grande aiguille** indique les **minutes**.
- Entre deux chiffres qui se suivent :
  – l'aiguille des heures parcourt 1 heure ;
  – l'aiguille des minutes parcourt 5 minutes.

Il est 10 h 15 ou 10 heures et quart.

Il est 10 h 30 ou 10 heures et demie.

Il est 10 h 45 ou 11 heures moins le quart.

- **On ne lit pas les heures de la même façon le matin et l'après-midi.**

Heure du matin : 10 h 55
Heure du soir : 22 h 55

Lire l'heure

1 * Observe l'horloge.
Colorie en orange la partie parcourue par la grande aiguille si 15 minutes s'écoulent.

2 * Observe l'horloge.
Colorie en orange la partie parcourue par la grande aiguille si 35 minutes s'écoulent.

3 * **Quelle heure est-il ?**

4 ** **Écris de deux façons différentes l'heure indiquée sur ces horloges.**

Ex. : 10 h 55 et 11 heures moins cinq

5 ** **Complète ce tableau.**

Heure du matin	Heure de l'après-midi
8 h 15	*20 h 15*
10 h 45	
	20 h 50
6 h 30	
	23 h 45

6 ** **Place les aiguilles sur les horloges en fonction des heures indiquées.**

8 h 30   16 h 50   12 h   19 h 40

Calculer des durées

7 * **Quelle heure sera-t-il dans 30 minutes s'il est maintenant :**

a. 6 h ?
b. 14 h 30 ?
c. 22 h 15 ?
d. 9 h 45 ?

8 *

Jean Lapin est parti à 8 h 10 et arrive chez la duchesse un quart d'heure plus tard. À quelle heure est-il arrivé ?

9 * Lana prend un avion à 6 h 30 pour le cap Nord, en Norvège. Elle arrive 3 heures plus tard. À quelle heure arrive-t-elle ?

10 * **Combien de temps la randonnée a-t-elle duré ?**

Départ : 8 h 20   Arrivée : 10 h 40

11 ** À midi, Kiyan et Laura partent à la cantine. 45 minutes plus tard, ils sortent jouer dans la cour.

a. À quelle heure sortent-ils dans la cour ?

b. Ils rentrent en classe à 13 h 30. Pendant combien de temps ont-ils joué dans la cour ?

12 ** Le labre nettoyeur est un poisson qui nettoie et soigne les autres poissons. Pour nettoyer 100 poissons, il met 2 heures. S'il commence à 9 heures moins le quart, à quelle heure termine-t-il ?

Défi Yanis prend un avion pour Montréal. Il décolle à 10 h de Paris et a 8 h de vol. Lorsqu'il atterrit à Montréal, il est midi. À ton avis, que s'est-il passé ?

Mesurer des capacités et connaître la relation litre/centilitre

Cherchons

À l'école des sorciers, pour préparer un litre de potion de sommeil, Henry mélange :
- 50 centilitres de bave de crapaud masqué ;
- 25 centilitres de venin de cobra ;
- 25 centilitres de larmes de dragon.

→ **Quelle quantité de liquide (en centilitres) est nécessaire pour préparer cette potion ?**

→ **Combien de centilitres faut-il pour faire un litre ?**

- Pour exprimer des **mesures de capacités**, on utilise souvent le **litre (L)** ou le **centilitre (cL)**.

Unités de capacité		
L	dL	**cL**
1	0	0

1 L = 100 cL

- Pour **exprimer une mesure de capacité**, il faut choisir la **bonne unité**.
  Ex. : Un verre a une petite capacité. On mesure son contenu en centilitres (un verre d'eau contient environ 25 cL).
  Une bouteille a une plus grande capacité. On mesure son contenu en litres (une bouteille d'eau peut contenir 2 L).
- Lorsqu'on veut **comparer** ou **calculer des capacités**, il faut d'abord les **exprimer dans la même unité**. On dit qu'on les convertit.

Estimer des mesures de capacités

1 * **Mesure-t-on ces capacités en litres ou en centilitres ?**

a. un verre de jus de fruit
b. une baignoire remplie d'eau
c. une bouteille de sirop pour la toux
d. une brique de lait
e. un biberon

2 ** **Associie chaque objet à la capacité correspondante.**

un évier •	• 200 L
un verre de soda •	• 1 L
une piscine en plastique •	• 25 L
une gourde d'eau •	• 1 cL
un grand aquarium •	• 1 500 L
une seringue •	• 25 cL

Convertir des capacités

3 * **Convertis ces capacités en centilitres.** *Ex. : 2 L = 200 cL*

Tu peux t'aider d'un tableau de conversion.

a. 5 L
b. 12 L
c. 8 L
d. 76 L
e. 100 L
f. 98 L

4 * **Convertis ces capacités en litres.**

Ex. : 200 cL = 2 L

a. 100 cL
b. 400 cL
c. 3 000 cL
d. 5 000 cL
e. 38 000 cL
f. 600 cL

5 ** **Convertis en centilitres.**

Ex. : 2 L 40 cL = 200 cL + 40 cL = 240 cL

a. 3 L 50 cL
b. 8 L 1 cL
c. 32 L 70 cL
d. 4 L 20 cL
e. 25 L 30 cL
f. 10 L 3 cL

6 ** **Encadre ces mesures entre les capacités en litres les plus proches.**

Ex. : 3 L < 350 cL < 4 L

a. 250 cL
b. 480 cL
c. 1 603 cL
d. 670 cL
e. 3 480 cL
f. 708 cL

Pour t'aider, tu peux convertir ces mesures en litres et centilitres.

Comparer des capacités

7 * Voici la consommation d'eau par jour et par habitant dans certains pays d'Europe :

Pologne : 9 800 cL
Suisse : 202 L
France : 15 100 cL
Autriche : 153 L
Allemagne : 129 L

Range ces consommations d'eau dans l'ordre croissant.

Pense à tout convertir dans la même unité.

8 ** **Complète avec <, > ou =.**

a. 680 cL … 6 L 80 cL
b. 3 L … 340 cL
c. 600 cL … 5 L 10 cL
d. 609 cL … 6 L 9 cL

Calculer des capacités

9 * Combien de verres de 20 cL peut-on servir avec une bouteille de soda de 2 L ?

10 ** Le savant fou Perlaboule veut mettre au point une potion à remonter le temps. Au moment le plus délicat de son expérience, il doit remplir un verre doseur d'un demi-litre avec une seringue de 2 cL. Combien de fois devra-t-il remplir sa seringue ?

11 ** Pour arroser son potager, M. Matou a besoin de 9 000 cL d'eau.

a. Combien de litres d'eau cela représente-t-il ?

b. Il a un arrosoir de 10 L. Combien de fois devra-t-il le remplir ?

Défi Le savais-tu ?

Il faut 400 L de lait pour confectionner une meule de gruyère AOC Suisse de 35 kg. Sachant qu'une vache produit en moyenne 5 000 cL de lait par jour, de combien de vaches a-t-on besoin pour fabriquer une meule ?

Mesurer des masses et connaître la relation kilogramme/gramme

Pour faire de la confiture, il faut autant d'abricots que de sucre.

Cherchons

→ **Quel est le poids des abricots ? Quel est le poids du sucre ?**

→ **Combien de grammes faut-il pour faire un kilogramme ?**

- Pour **exprimer des mesures de masses**, on utilise souvent le **kilogramme (kg)** et le **gramme (g)**.

Unités de masse			
kg	hg	dag	**g**
1	0	0	0

1 kg = 1 000 g

- Pour **exprimer une mesure de masse**, il faut choisir la **bonne unité**.
  Ex. : Une plume se pèse en grammes.
  Une personne se pèse en kilogrammes.
- Lorsqu'on veut **comparer** ou **calculer des masses**, il faut d'abord les **exprimer dans la même unité**. On dit qu'on les convertit.

Estimer des masses

1 * **Mesure-t-on ces masses en grammes ou en kilogrammes ?**

un stylo — un bébé — une bague — un croissant — un cheval

2 * **Associe chaque objet à la masse correspondante.**

une fourmi •	• 1 100 kg
un vélo •	• 15 kg
une baguette de pain •	• 3 g
une vache •	• 200 g

Mesurer et exprimer des masses

3 ** **Écris le poids indiqué par chaque balance, en précisant l'unité.**

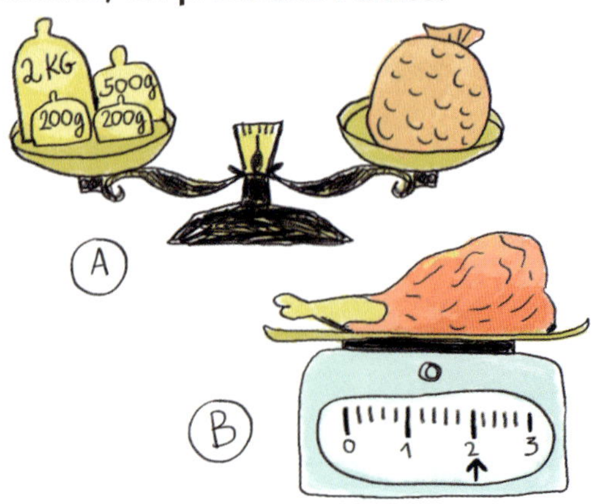

Convertir des masses

4 * **Convertis en grammes.**

Ex. : 5 kg = 5 000 g

3 kg 8 kg 13 kg 32 kg

5 * **Convertis en kilogrammes.**

Ex. : 7 000 g = 7 kg

5 000 g 2 000 g 22 000 g 52 000 g

6 * * **Convertis en grammes.**

Ex. : 2 kg 500 g = 2 000 g + 500 g = 2 500 g

a. 3 kg 200 g
b. 3 kg 5 g
c. 6 kg 20 g
d. 45 kg 600 g

7 * * **Convertis en kilogrammes et grammes.**

Ex. : 4 007 g = 4 000 g + 7 g = 4 kg 7 g

a. 2 700 g
b. 6 008 g
c. 33 800 g
d. 21 030 g

8 * * **Encadre le poids de chaque enfant entre deux masses en kilogrammes.**

Ex. : Émilie pèse entre 34 kg et 35 kg.

Émilie : 34 700 g
Léon : 24 999 g
Mathilde : 18 005 g
Gaëtan : 13 600 g

Comparer des masses

9 * **Range ces animaux du plus léger au plus lourd.**

Pense à tout convertir dans la même unité.

Animal	Poids moyen
aigle	5 kg
chat	4 000 g
cheval	700 kg
chien	35 kg
éléphant	4 000 kg
gazelle	30 000 g

10 * * **Complète avec <, > ou =.**

a. 1 250 g … 1 kg 250 g
b. 700 kg … 7 400 g
c. 2 kg 40 g … 2 400 g
d. 4 kg 30 g … 4 030 g
e. 24 kg … 2 400 g

11 * * **Range ces masses dans l'ordre croissant.**

2 kg 500 g 2 600 g 2 kg
2 kg 540 g 2 400 g 2 450 g

12 * * Des boxeurs de la catégorie poids légers (moins de 61 kg) ont été pesés avant leur match.

a. Encadre le poids de chaque boxeur entre deux masses en kilogrammes.

Ex. : Andy pèse entre … kg et … kg.

b. Auront-ils le droit de monter sur le ring ? Pourquoi ?

Calculer des masses

13 * * Le cartable de Fatoumata pèse 1 kg 250 g vide. Elle le remplit avec 1 livre de 546 g et un cahier de 104 g.

a. Quelle masse Fatoumata porte-t-elle sur son dos ?

b. Le docteur lui a interdit de porter plus de 2 kg. Peut-elle porter son cartable ?

Défi Entre un sac d'un kilogramme de plomb, un sac de 500 grammes de fer et un sac de 1 500 grammes de plumes, lequel est le plus lourd ?

Révisions

Connaître la relation entre euro et centime d'euro

1 * **Dessine les billets ou les pièces nécessaires pour réunir chaque somme. Utilise le moins de monnaie possible.**

240 €   675 €   4 € 50 c
2 € 73 c   70 € 30 c

2 * Yang possède 24 € 30 c. Il voudrait acheter une montre à 50 €. Quelle somme d'argent lui manque-t-il ?

3 ** **Convertis dans l'unité demandée.**

a. 4 € = … c	**b.** 6 € 30 c = … c
600 c = … €	560 c = … € … c
10 € = … c	24 € 9 c = … c
2 000 c = … €	708 c = … € … c

4 ** **Complète avec <, > ou =.**

a. 28 € … 280 c
b. 164 c … 16 € 4 c
c. 2 730 c … 27 € 30 c
d. 5 080 c … 50 € 8 c

5 ** **Complète.**

a. 6 € 45 c + … = 7 €
b. 2 € 85 c + … = 4 €
c. 12 € 80 c + … = 20 €
d. 74 € 30 c + … = 80 €
e. 6 € 33 c + … = 10 €

6 ** Pour acheter un casque d'escalade à 69 € 99 c, David donne deux billets de 50 € au vendeur. Combien le vendeur doit-il lui rendre ?

Connaître les relations entre les unités de temps

7 * La durée de gestation d'une femelle éléphant est de 660 jours. Cela représente-t-il plus ou moins de 2 années ? Justifie ta réponse.

8 * Aline sort de chez le dentiste à 14 h 30. Elle a un quart d'heure de marche pour revenir à son bureau. À quelle heure arrive-t-elle au travail ?

9 * **Écris de deux façons différentes l'heure indiquée sur ces horloges.**

Ex. : 9 h 40 et 10 heures moins 20

A   B   C

10 ** **Place les aiguilles sur les horloges en fonction des heures indiquées.**

6 h 20   12 h 30   21 h 40

11 ** **Convertis ces durées en minutes.**

a. 4 h	**c.** 3 h 20 min
b. 9 h 5 min	**d.** 6 h 38 min

12 ** **Convertis ces durées en secondes.**

a. 3 min	**c.** 1 min 1 s
b. 5 min 10 s	**d.** 4 min 42 s

13 ** **Convertis ces durées en heures et minutes.**

a. 123 min	**c.** 78 min
b. 140 min	**d.** 248 min

14 ** Lors d'une randonnée, Elio a marché 180 min et Evan, 2 h 30 min. Qui a marché le plus longtemps ?

15 ** Au cinéma, Marine va voir un film d'aventures à la séance de 20 h 00. Le film dure 120 min.

a. Combien d'heures dure ce film ?

b. Pourra-t-elle aller à une seconde séance à 21 h 30 ?

Connaître la relation entre litre et centilitre

16 * Dans sa brasserie, Aaron n'a plus que 2 litres de jus d'orange. Combien de verres de 25 cL peut-il encore servir ?

17 * En moyenne, un adulte perd 200 cL d'eau chaque jour, par les urines, la transpiration, etc. Combien de litres d'eau cela représente-t-il ?

18 ** **Convertis dans l'unité demandée.**

a. 3 L = … cL **d.** 500 cL = … L
b. 11 L = … cL **e.** 1 500 cL = … L
c. 5 L 20 cL = … cL **f.** 9 L 6 cL = … cL

19 ** **Encadre ces mesures par les capacités en litres les plus proches.**

Ex. : 6 L < 650 cL < 7 L

a. 410 cL **c.** 1 540 cL
b. 908 cL **d.** 1 002 cL

20 ** **Complète avec <, > ou =.**

a. 4 L … 400 cL **d.** 3 L 9 cL … 390 cL
b. 300 cL … 3 L 30 cL **e.** 14 L … 1 400 cL
c. 6 L … 66 cL **f.** 875 cL … 8 L 7 cL

21 ** Peut-on remplir totalement trois bouteilles d'un litre avec le contenu de douze bouteilles de 20 cL ?

Connaître la relation entre kilogramme et gramme

22 * Voici des masses marquées :

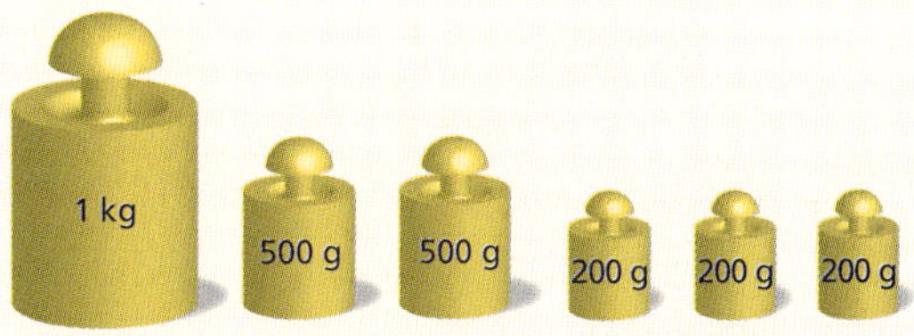

Quelles masses doit-on utiliser pour obtenir :

1 kg 400 g ? 2 kg ? 700 g ?
2 kg 600 g ?

Utilise le moins de masses possible.

23 * Le petit frère d'Agathe vient de naître : il pèse 2 kg 650 g. Le médecin l'autorisera à sortir de la maternité lorsqu'il pèsera 3 kg.

Combien de grammes doit-il prendre avant de rentrer chez lui ?

24 ** **Convertis dans l'unité demandée.**

a. 5 000 g = … kg **d.** 3 kg = … g
b. 14 kg = … g **e.** 50 000 g = … kg
c. 24 600 g = … kg … g

25 ***

Combien de kilogrammes de poisson le pêcheur a-t-il pêchés ?

Problèmes

Connaître la relation entre euro et centime d'euro

1 * Un libraire vend un livre à 32 € 50 c et un autre à 3 € 25 c. Avec ses 325 centimes, quel livre Karine peut-elle acheter ?

2 ** Lors d'un jeu de société, Lucas a 2 billets de 200 € et 5 billets de 10 €.

a. Combien possède-t-il ?

Il échange ses billets de 200 € contre des billets de 50 € et ses billets de 10 € contre des pièces de 2 €.

b. Combien de billets de 50 € lui donnera-t-on ?

c. Combien de pièces de 2 € lui donnera-t-on ?

d. Quelle somme d'argent possédera-t-il après l'échange ?

3 ** Lors d'un vide-grenier, Laura vend son vieux nounours à 2 €, son poupon à 3 € 50 c, son premier imagier à 80 c.

Elle dit qu'elle a gagné 5 € 30 c. A-t-elle raison ? Justifie ta réponse.

4 ** À la boulangerie, Juliette achète un cochon en pâte d'amande à 2 €. Elle n'a que des pièces de 20 c. Combien de pièces doit-elle donner à la vendeuse ?

5 ***

a. Anissa possède un billet de 50 €. Peut-elle tout acheter ?

b. Elle achète le livre, la poupée et le CD. Quelle somme doit-elle payer ? Quelle somme lui rendra-t-on ?

Connaître les relations entre les unités de temps

6 * Anne donne rendez-vous à Joséphine à 20 h devant la mairie. Elle arrive à 19 h 45. Combien de temps devra-t-elle attendre avant l'arrivée de Joséphine ?

7 * Dans 1 h 30 min, Mathéo devra partir pour son entraînement de tennis. Il veut regarder un dessin animé qui dure 100 minutes. Pourra-t-il le voir entièrement ? Justifie ta réponse.

8 ** Émilie part courir à 6 h 45. Sa course à pied dure 45 min. À quelle heure termine-t-elle son footing ?

9 ** Anaïs arrive à la gare de Perpignan à 9 heures et demie. Son voyage a duré 2 h 20 min. À quelle heure est-elle partie ?

10 ** Camille est née le 23 janvier 2005, sa sœur aînée le 23 janvier 2001. Combien de mois d'écart ont-elles ?

11 ** Robin est parti en voyage le 25 juillet et est revenu le 15 octobre. Combien de jours est-il parti ?

12 *** Pour aller chez ses grands-parents, Maxence effectue un trajet en voiture de 120 minutes. Combien d'heures passera-t-il dans la voiture pour faire l'aller-retour ?

Connaître la relation entre litre et centilitre

13 * Un fleuriste a besoin de 200 cL d'eau pour arroser un parterre de fleurs.

a. De quelle quantité d'eau a-t-il besoin pour arroser ses trois parterres de fleurs ? (Indique ton résultat en centilitres, puis en litres.)
b. Le fleuriste a 5 L d'eau dans son arrosoir. Est-ce suffisant pour tout arroser ?

14 * Combien de verres d'eau de 20 cL doit-on utiliser pour remplir un seau de 4 L ?

15 ** Combien d'éprouvettes de 15 cL le chimiste peut-il remplir complètement avec une bouteille de 1 L de chlore ? En restera-t-il dans la bouteille ?

16 ** Marie a deux bouteilles vides.

a. Elle veut remplir d'eau une cuvette de 5 L 75 cL. Combien de fois doit-elle remplir chaque bouteille ?
b. Elle veut remplir ces bouteilles avec 150 cL d'eau. Est-ce possible ? Si non, quelle quantité d'eau va-t-il lui rester ?

Connaître la relation entre kilogramme et gramme

17 * Un tigre adulte peut manger 50 kg de viande en un seul jour !

S'il a déjà mangé 15 kg de viande, quelle quantité peut-il encore avaler ? Indique cette quantité en kilogrammes, puis en grammes.

18 ** La plus grosse pastèque du monde pèse 167 kg 8 g. La plus grosse citrouille du monde pèse 766 000 g. Quel fruit est le plus lourd ?

19 ** Sophie veut préparer un kilogramme de pâtes. Il lui reste 600 g dans un sachet et 500 g dans un second.

a. Quelle masse de pâtes (en kilogrammes et grammes) a-t-elle en tout ?
b. Quelle masse lui manquerait-il si elle voulait préparer 3 kg de pâtes ?

20 *** Annick prépare cette recette pour 5 personnes :

Poulet aux olives
250 g de poulet par personne
200 g d'olives
2 oignons

a. Combien de grammes de poulet doit-elle acheter ?
b. Le boucher ne vend que des morceaux de 200 g. Combien de morceaux doit-elle acheter pour avoir assez de poulet ?

Mesurer des longueurs

une perle

un pinceau

la distance entre Strasbourg et Bordeaux

un mur d'escalade

Cherchons

10 mètres | 17 centimètres | 5 millimètres | 756 kilomètres

→ **Associe chaque image à la longueur correspondante.**

- On peut **exprimer une longueur avec différentes unités** :

le millimètre (mm) | **le centimètre (cm)** | **le mètre (m)** | **le kilomètre (km)**

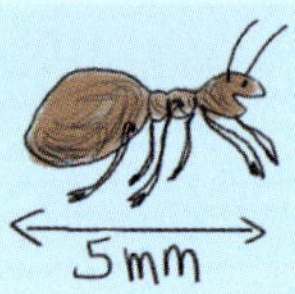

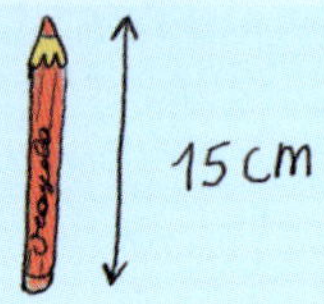

- En fonction de la taille de l'objet à mesurer, on **choisit l'une ou l'autre des unités**.
- Pour mesurer de façon exacte, on pose le 0 de la règle graduée sur le bord de l'objet à mesurer et on lit sa longueur à l'autre extrémité.

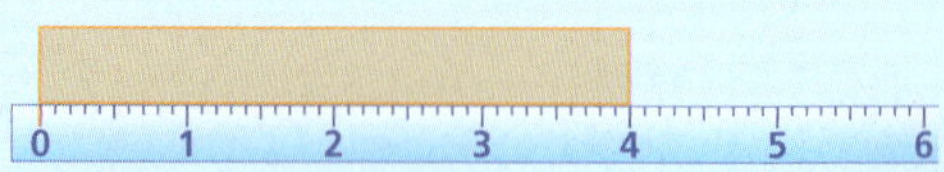

La bande orange mesure 4 cm.

Estimer des mesures de longueurs

1 * **Associe chaque longueur à sa mesure.**

la longueur d'une piscine •	• 707 km
la taille d'un moustique •	• 45 cm
la distance entre Brest et Toulouse •	• 25 m
la longueur d'un collier •	• 5 mm

Mesurer et comparer des longueurs

2 * **Mesure ces segments et indique leur longueur.**

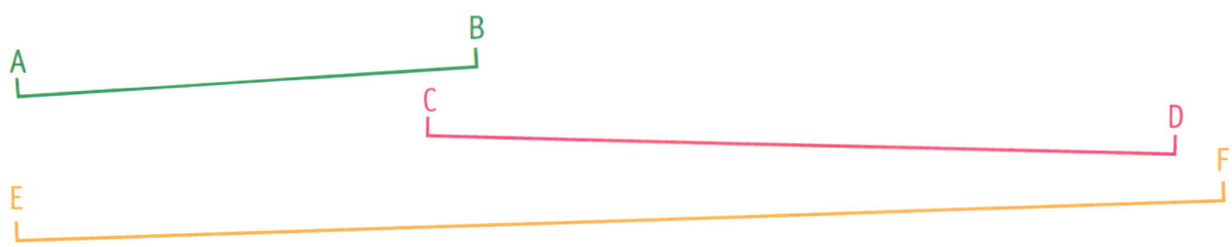

3 * **a.** Mesure ces bandes et indique leur longueur en centimètres et millimètres.

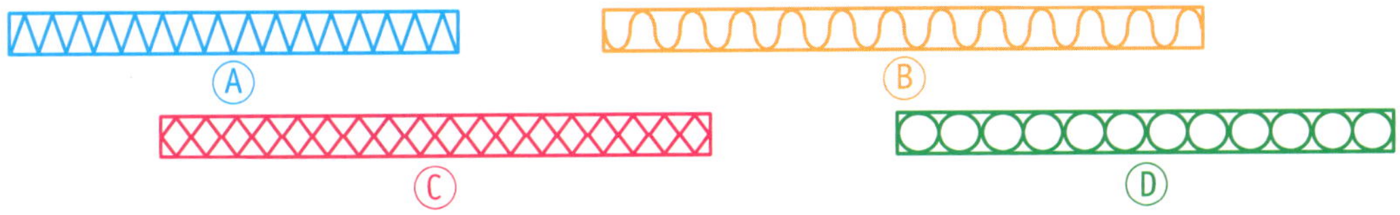

b. Range-les de la plus longue à la plus courte.

4 * Leïla a tracé cette ligne brisée. Elle dit qu'elle mesure 20 cm. Qu'en penses-tu ?

5 ** **Mesure ces segments. Encadre leur longueur entre les deux mesures en centimètres les plus proches.** *Ex. : La longueur de [AB] est comprise entre 6 cm et 7 cm.*

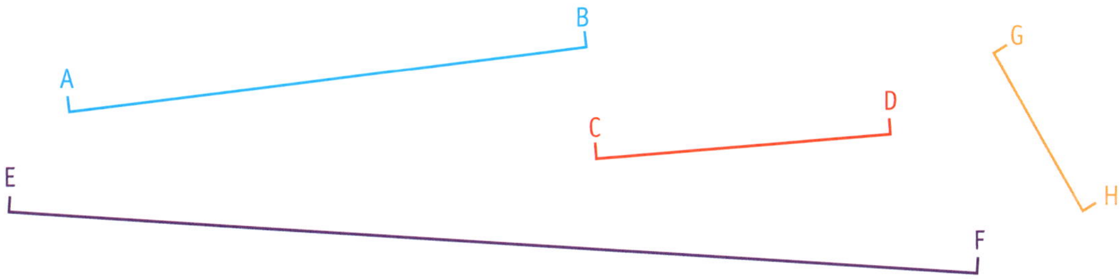

6 ** **Mesure et calcule la longueur des tunnels de cette fourmilière en formation.**

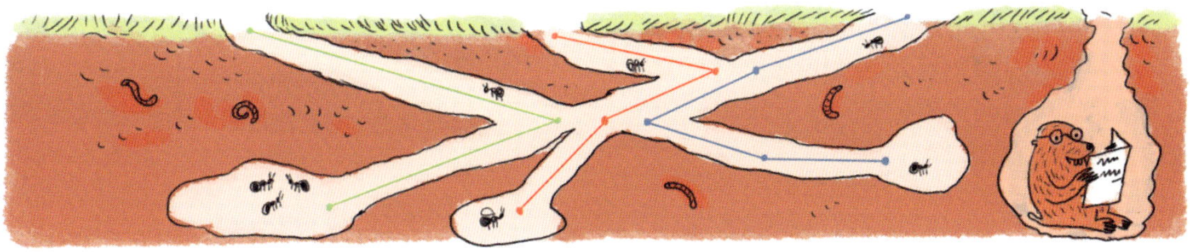

Quel trajet est le plus long ? Le plus court ?

Tracer des longueurs

7 * **Trace ces segments :** AB = 6 cm   CD = 13 cm   EF = 2 cm 5 mm   GH = 9 cm 2 mm

8 ** **Mesure et reproduis ces segments.**

Défi Émeric doit tracer une ligne brisée composée de 5 segments et mesurant 20 cm.
Trouve trois tracés différents possibles.

Pour que les lignes brisées soient différentes, varie la longueur des segments.

Connaître les relations entre les unités de longueur (1)

M. Legrand a acheté quatre étagères :

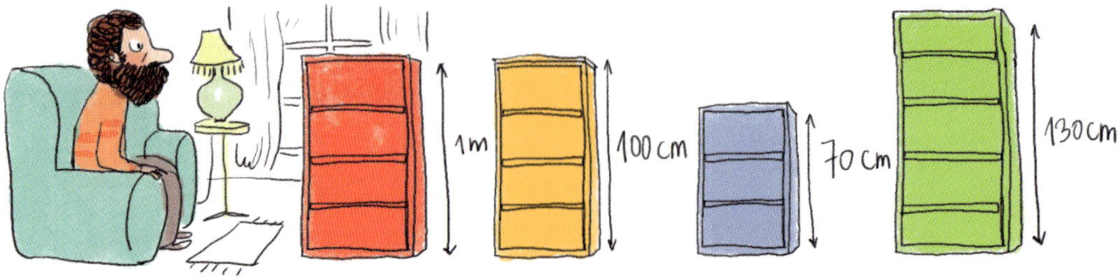

Cherchons

→ **En observant ces étagères, cherche combien de centimètres il faut pour faire un mètre.**

→ **Combien de centimètres d'écart y a-t-il entre l'étagère bleue et l'étagère rouge ? Entre l'étagère verte et l'étagère rouge ?**

→ **Le salon de M. Legrand mesure 355 cm de haut. Peut-il empiler toutes ses étagères dans cette pièce ?**

Pour **exprimer une longueur**, on utilise souvent le **kilomètre (km)**, le **mètre (m)**, le **centimètre (cm)** et le **millimètre (mm)**.

Unités de longueur						
km	hm	dam	**m**	dm	**cm**	**mm**
1	0	0	0			
			1	0	0	
			1	0	0	0
					1	0

1 km = 1 000 m **1 m = 100 cm** **1 m = 1 000 mm** **1 cm = 10 mm**

Lorsqu'on veut **comparer** ou **calculer des longueurs**, on doit d'abord les **exprimer dans la même unité**. On dit qu'on les convertit.

Convertir des longueurs

1 * **Convertis ces longueurs en millimètres.** *Ex. : 6 cm = 60 mm*

a. 3 cm
b. 12 cm
c. 7 cm
d. 590 cm
e. 6 m
f. 10 m
g. 32 m
h. 450 m

2 * **Convertis ces longueurs en centimètres.**

Ex. : 9 m = 900 cm

a. 7 m
b. 3 m
c. 43 m
d. 56 m
e. 330 mm
f. 150 mm
g. 640 mm
h. 210 mm

3 * * **Convertis dans l'unité demandée.**

a. 4 km = … m
b. 90 mm = … cm
c. 32 m = … cm
d. 3 m = … cm
e. 2 000 m = … km
f. 24 km = … m
g. 164 cm = … mm
h. 640 mm = … cm

4 * * **Encadre la longueur de ces segments entre les deux mesures les plus proches en centimètres.**

AB = 84 mm
EF = 457 mm
CD = 21 mm
GH = 5 mm
IJ = 32 mm
KL = 125 mm

Comparer des longueurs

5 * **Complète avec <, > ou =.**

Tu peux utiliser un tableau de conversion.

a. 4 km … 5 000 m
b. 27 mm … 2 cm
c. 12 m … 120 cm
d. 36 cm … 360 mm
e. 67 km … 6 700 m

6 * * Voici la taille de quelques papillons :

L'argus bleu : 30 mm
Le papillon de l'Atlas : 30 cm
L'écaille tigrée : 35 mm
L'aurore : 40 mm
La Reine Alexandra : 32 cm
Le Goliath : 280 mm

a. Quel papillon mesure 4 cm ?
b. Quel papillon mesure plus de 30 cm ?
c. Range ces papillons du plus petit au plus grand.

7 * * * Pendant le cross des écoles, Louis a parcouru 2 km, Paul, 1 800 m et Manon, 300 m de plus que Paul. Manon a-t-elle parcouru une plus grande distance ou une plus petite distance que Louis ?

Calculer des longueurs

8 * Un cycliste parcourt chaque jour 170 km. Quelle distance totale (en mètres) a-t-il parcourue au bout de trois jours ?

9 * * **a.** Combien de rubans de 50 cm faut-il pour faire une guirlande de 3 m ?
b. Avec 1 m de bande, combien peut-on faire de pansements de 5 cm ?
c. Combien faut-il de rouleaux de 100 m de fil pour construire une ligne électrique de 2 km ?

10 * * Une libellule vole d'un nénuphar à un autre. Voici son trajet :

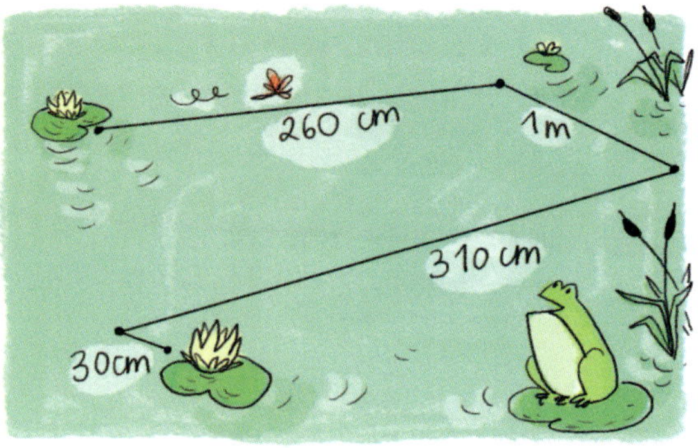

À la fin de son parcours, quelle distance a-t-elle parcourue ? Indique cette distance en centimètres, puis en mètres.

11 * * * Hugo part en voiture à la gare ; il parcourt 3 000 m. Il prend ensuite le train pour Paris sur une distance de 484 km. À Paris, il se rend en taxi à son bureau situé à 4 000 m de la gare. Combien de kilomètres a-t-il parcourus au total ?

Défi Pour construire la plus haute tour du monde, un architecte veut d'abord en réaliser une maquette de 450 cm de haut. Il veut la construire avec des blocs de 1 m de haut et des pavés de 30 cm de haut. Quel empilement peut-il faire ?

Connaître les relations entre les unités de longueur (2)

Karim a des skis qui mesurent 150 cm de long.
Jules a des skis de 170 cm.
Clément a des skis de 1 m 30 cm.

Cherchons

→ **Écris ces longueurs en centimètres, puis range-les dans l'ordre décroissant.**

→ **Qui a les skis les plus longs ?**

→ **Les trois garçons descendent une piste de 4 km 600 m. Écris en mètres la longueur de cette piste.**

Rappelle-toi :

1 km = 1 000 m | **1 m = 100 cm** | **1 m = 1 000 mm** | **1 cm = 10 mm**

Pour **exprimer une longueur**, on peut utiliser **deux unités**.
Ex. : La piste de l'hippodrome d'Aix-les-Bains mesure 1 500 mètres.
1 500 m = 1 000 m + 500 m = 1 km 500 m

Convertir des longueurs

1 * **Convertis ces longueurs en mètres.**

Ex. : 9 km 4 m = 9 000 m + 4 m = 9 004 m

a. 4 km 600 m
b. 3 km 5 m
c. 6 km 3 m
d. 90 km 900 m
e. 34 km 20 m
f. 70 km 1 m

2 * **Convertis ces longueurs en centimètres.**

Ex. : 4 m 50 cm = 400 cm + 50 cm = 450 cm

a. 3 m 50 cm
b. 6 m 30 cm
c. 60 m 30 cm
d. 26 m 1 cm
e. 10 m 5 cm
f. 123 m 4 cm

3 * Le père de Gaétan achète une télévision avec un écran de 120 cm de large. Quelle est, en mètres et centimètres, la largeur de l'écran ?

4 * **Convertis ces longueurs en centimètres et millimètres.**

Ex. : 38 mm = 30 mm + 8 mm = 3 cm 8 mm

a. 27 mm
b. 34 mm
c. 560 mm
d. 678 mm
e. 5 320 mm
f. 1 234 mm

5 * **Convertis ces longueurs en kilomètres et mètres.**

Ex. : 3 800 m = 3 000 m + 800 m = 3 km 800 m

a. 1 200 m
b. 2 504 m
c. 6 780 m
d. 73 603 m
e. 19 001 m
f. 37 900 m

6 ** **Convertis dans l'unité demandée.**

a. 300 mm = … cm
b. 4 900 m = … km … m
c. 12 mm = … cm … mm
d. 980 cm = … m … cm

Comparer des longueurs

7 * **Complète avec <, > ou =.**

a. 1 230 m … 1 km 200 m
b. 2 km 400 m … 2 540 m
c. 24 km … 24 000 m
d. 3 000 m … 3 km 200 m
e. 2 340 mm … 2 m 34 cm

8 ** Lis ces longueurs.

1 km 39 m | 1 200 m 40 mm | 1 km 300 m | 2 000 m 239 cm | 10 km 239 m

a. Recopie seulement les longueurs supérieures à 1 239 m.
b. Range-les dans l'ordre croissant.

9 ** **Convertis en mètres la hauteur de ces sommets. Range ces hauteurs dans l'ordre décroissant.**

Puy de Sancy (Massif central) : 1 km 885 m
Mont Blanc (Alpes du Nord) : 4 810 m
Grand Ballon (Vosges) : 1 km 424 m
Crêt de la Neige (Jura) : 1 718 m
Pic de Vignemale (Pyrénées) : 3 km 298 m

Calculer des longueurs

10 * Voici le chemin parcouru par Evan lors d'une randonnée en montagne.

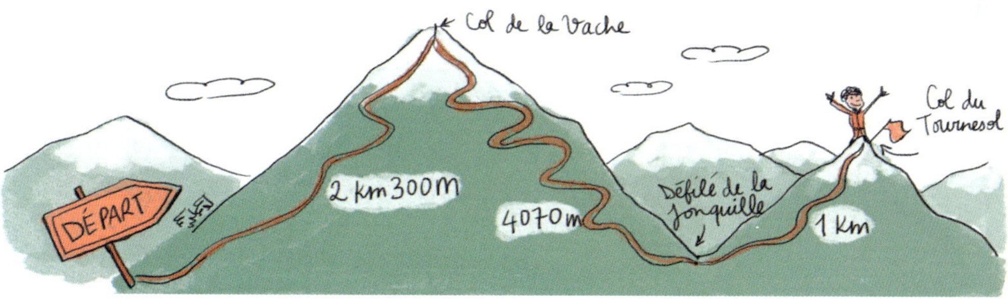

Lorsqu'il arrive au col du Tournesol, quelle distance totale Evan a-t-il parcourue ? Indique cette distance en mètres, puis en kilomètres et mètres.

11 ** Le gibbon est un singe qui se déplace d'arbre en arbre en faisant des sauts spectaculaires ! Observe le trajet de ce gibbon.

Quelle est, en mètres et centimètres, la distance totale parcourue par le gibbon ?

Défi Les colliers de Yasmine et Louna mis bout à bout mesurent 1 m. Les colliers de Yasmine et Julie mis bout à bout mesurent 80 cm. Les colliers de Louna et Julie mis bout à bout mesurent 80 cm.
Quelle est la longueur du collier de chacune des fillettes ?

Calculer le périmètre d'un polygone

Cherchons

Un agriculteur veut clore son champ avec du fil de fer.

→ **Quelle est la longueur du fil de fer nécessaire pour faire le tour du champ ?**

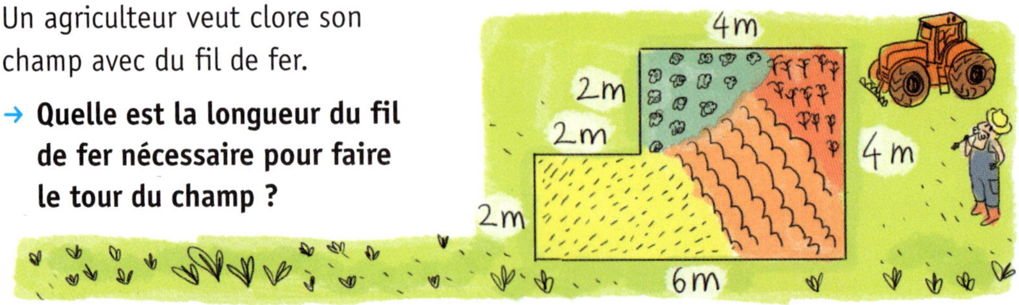

- Le **périmètre** est la **longueur du contour d'une figure géométrique**.
- On **calcule le périmètre** d'une figure en **additionnant la longueur de ses côtés**.

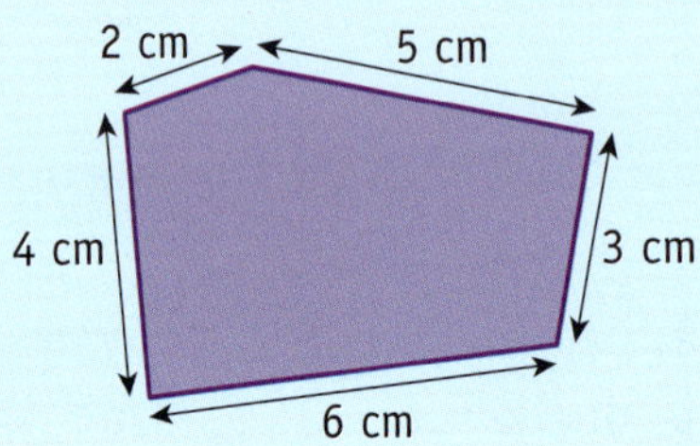

Périmètre de la figure :
$5 + 3 + 6 + 4 + 2 = 20$
Le périmètre de cette figure est de 20 cm.

Comprendre la notion de périmètre

1 * **Quelle figure a le plus grand périmètre ?**

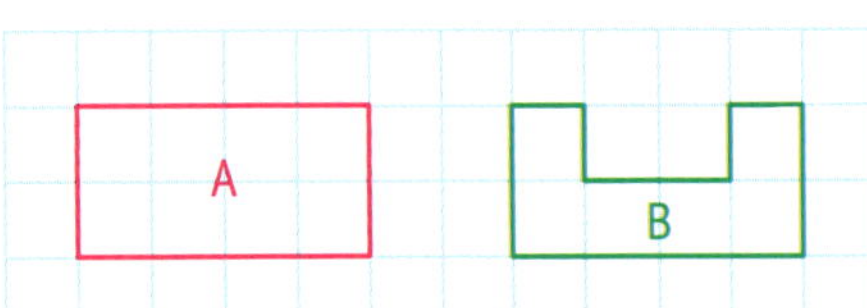

2 ** **Associe deux à deux les figures qui ont le même périmètre.**

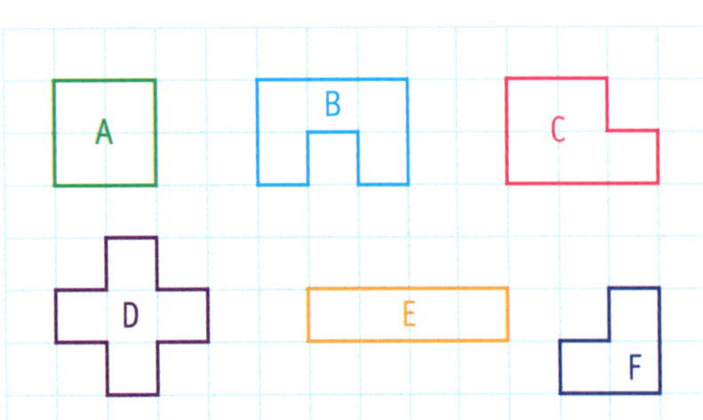

3 ** **Reproduis cette figure, puis trace deux autres figures qui ont le même périmètre.**

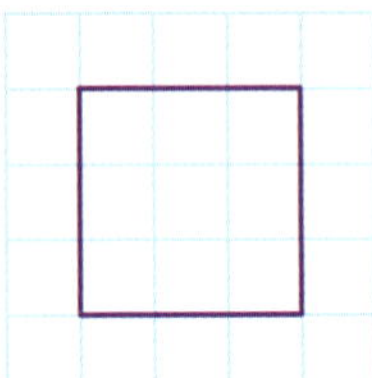

Calculer un périmètre

4 * **Mesure les côtés de ce polygone et calcule son périmètre en centimètres.**

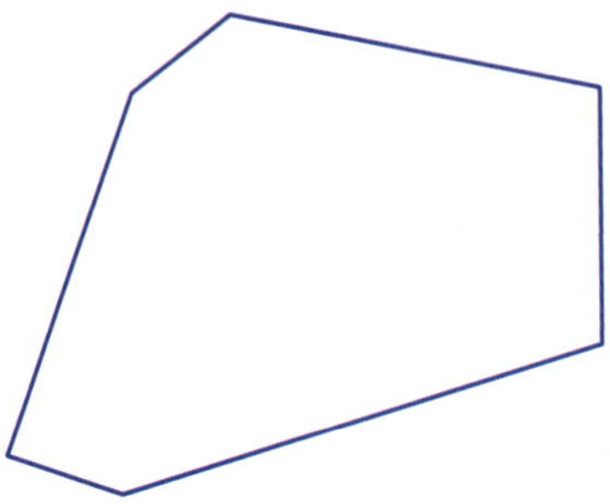

5 * * **Mesure les côtés de chaque figure et calcule leur périmètre en centimètres.**

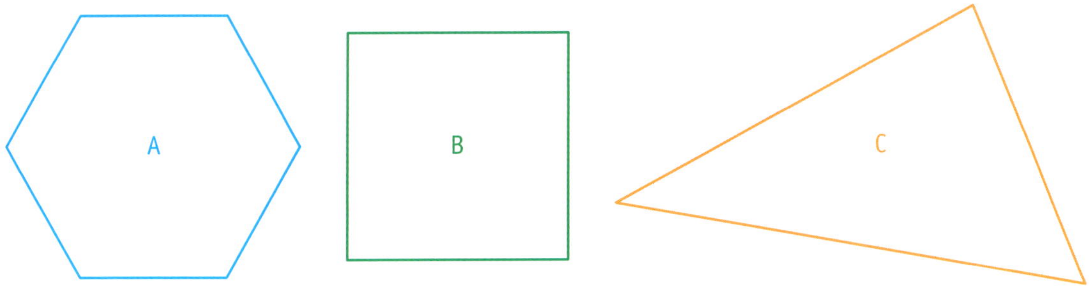

6 * * Des sportifs s'entraînent en courant autour d'un parc carré qui a pour côté 500 m.

a. Quelle est la longueur d'un tour de parc ?
b. Ils effectuent quatre tours complets. Quelle distance auront-ils parcourue à la fin de l'entraînement ? (Indique cette distance en mètres, puis en kilomètres.)

7 * * Thomas doit dessiner un triangle qui a pour périmètre 28 cm 4 mm. Un des côtés du triangle mesure 14 cm 3 mm, et un autre côté mesure 6 cm 1 mm.
Quelle est la mesure du troisième côté ? (Indique ta réponse en centimètres, puis en millimètres.)

8 * * M. Prévost veut fermer avec du grillage son jardin rectangulaire de 36 m de longueur et 24 m de largeur.

a. Quel est le périmètre du jardin ?
b. Il souhaite laisser 2 m d'ouverture sans grillage, dans l'une des longueurs. De quelle longueur de grillage aura-t-il besoin ?

9 * * Pour sa fête, Léa souhaite fixer une guirlande de fleurs tout autour de sa salle à manger. Pour connaître la longueur de la guirlande, il lui manque deux mesures.

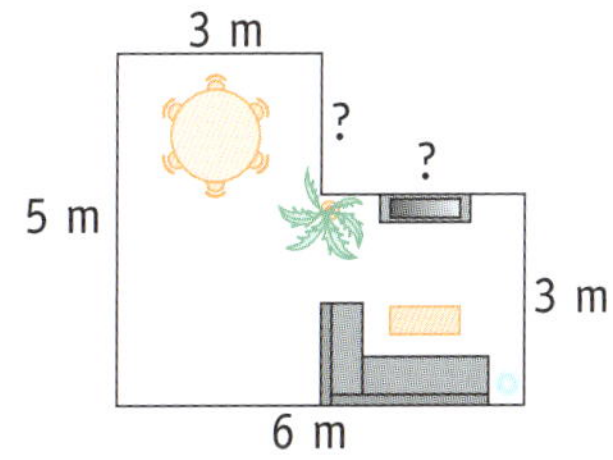

a. Calcule les mesures manquantes.
b. Quelle sera la longueur de la guirlande ?

10 * * * Pour rénover l'Arc de Triomphe, une barrière de sécurité est installée autour du monument.

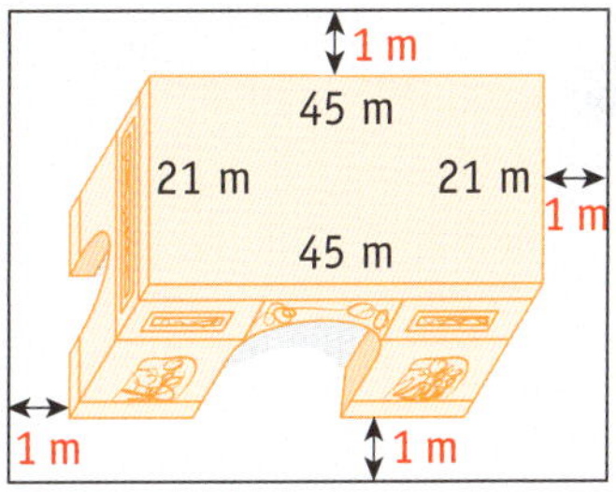

Quelle est la longueur totale des barrières à prévoir ?

11 * * * Une boîte de forme carrée a pour périmètre 20 cm. Peut-on y ranger un coffret rectangulaire de 15 cm de longueur et de 12 cm de largeur ? Justifie ta réponse.

Défi Trace un carré et un rectangle dont le périmètre est à chaque fois égal à 20 cm.

Révisions

Mesurer et tracer des longueurs

1 * **Trace ces segments.**

AB = 5 cm CD = 8 cm EF = 12 cm

2 ** **Trace ces segments.**

GH = 7 cm 5 mm IJ = 2 cm 2 mm

KL = 4 cm 9 mm

3 ** **Mesure ces segments, puis encadre chaque longueur entre deux mesures en centimètres.**

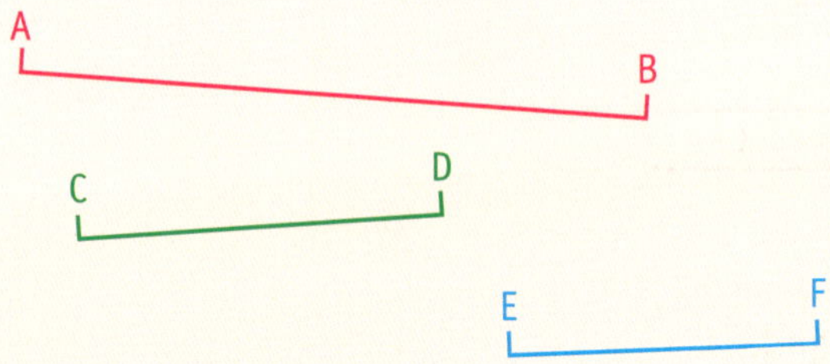

Connaître les relations entre les unités de longueur

4 * **Convertis ces longueurs en centimètres.**

24 m 340 m 70 mm 130 mm

5 * La corde à sauter de Camille mesure 230 cm, celle d'Alissa, 2 m 25 cm. Qui a la plus longue corde à sauter ?

6 ** **Convertis ces longueurs en centimètres.**

a. 6 m 50 cm
b. 3 m 30 cm
c. 12 m 5 cm

7 ** **Convertis dans l'unité demandée.**

a. 7 km 25 m = … m
b. 8 m 56 cm = … cm
c. 46 cm 2 mm = … mm
d. 4 m = … mm
e. 28 000 m = … km
f. 604 cm = … m … cm
g. 79 000 mm = … m
h. 905 mm = … cm … mm

8 ** Un cycliste fait 5 tours de vélodrome. Le vélodrome a pour longueur 370 m.

a. Quelle longueur totale le cycliste parcourra-t-il en mètres ?

b. Indique cette distance en kilomètres et mètres.

9 ** **a.** Avec une planche de 3 m, combien peut-on faire d'étagères de 50 cm ?

b. Combien de bandes de 25 cm faut-il pour faire une guirlande de 5 m ?

c. Pour organiser un parcours de course de 2 km, combien d'étapes de 400 m doit-on prévoir ?

10 ** Florent veut aller de l'auberge des skieurs au mont Vert. Aide-le à trouver le chemin le plus court.

11 * * * Devant sa maison, Iris a une allée de 10 m de long. Elle veut poser des bordures en bois le long des deux côtés de cette allée. Elle achète des bordures de 50 cm de long. Combien devra-t-elle en utiliser pour border les deux côtés ?

Comparer, mesurer et calculer un périmètre

12 * **Mesure les côtés de chaque figure, puis calcule leur périmètre.**

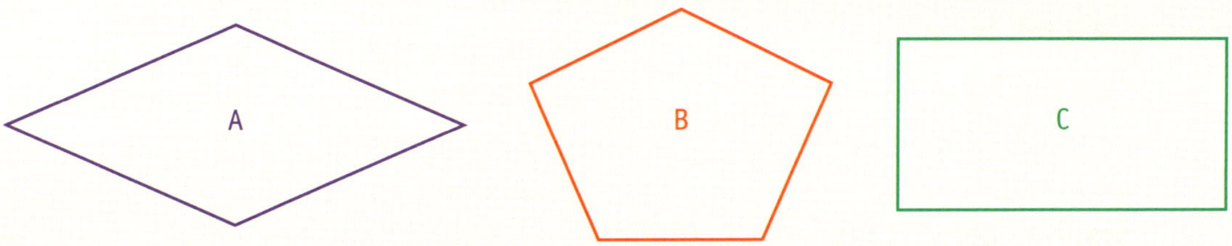

13 * * Observe ces figures.

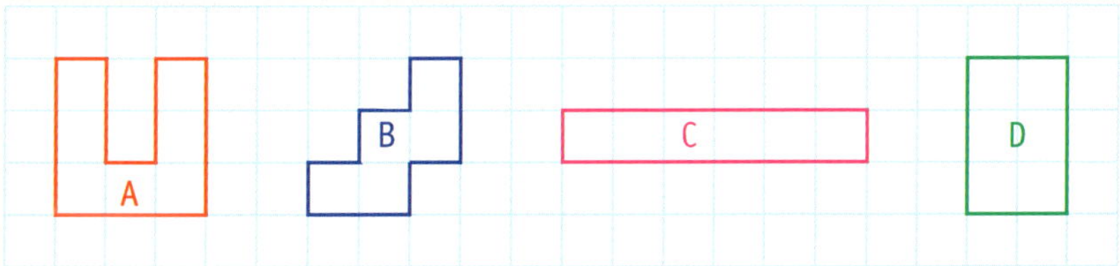

a. Range leur périmètre du plus petit au plus grand.
b. Reproduis la figure C, puis trace une autre figure qui possède le même périmètre.

14 * * **Mesure les côtés de chaque figure, puis calcule leur périmètre en centimètres et millimètres.**

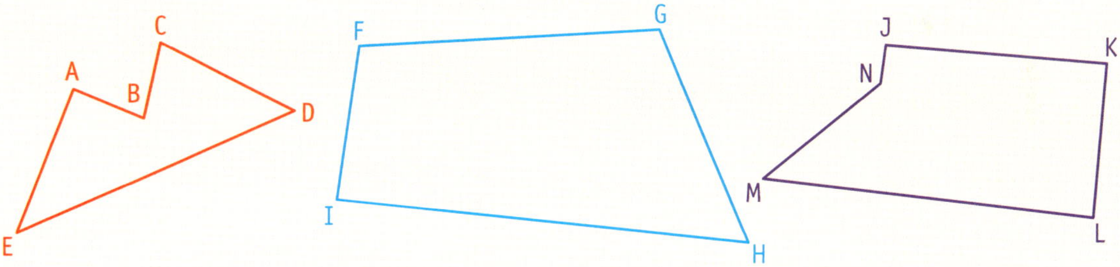

15 * * Les alignements de Carnac sont des ensembles de pierres dressées par des hommes… il y a plus de 5 000 ans ! Voici la distance que tu parcourrais si tu faisais le tour du site du Menec.

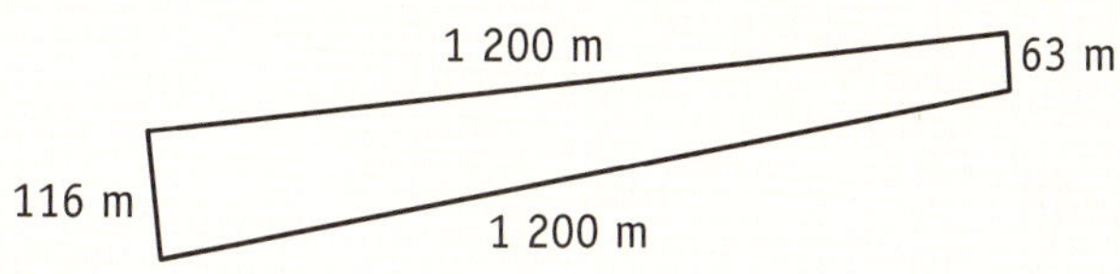

Menhirs de Carnac.

a. Indique cette distance en mètres, puis en kilomètres et mètres.
b. Un menhir peut mesurer jusqu'à 250 cm de haut. Convertis cette hauteur en mètres et centimètres.

Problèmes

Connaître les relations entre les unités de longueur

1 * Pour transporter les branches qu'il a coupées, M. Dujardin doit parcourir 12 fois une distance de 100 m.

a. Combien de mètres parcourt-il en tout ?
b. Écris cette distance en kilomètres et mètres.

2 * Ethan joue avec des baguettes de mikado. Il veut faire une ligne de mikado de 3 mètres de long.

a. Quelle sera la longueur de cette ligne en centimètres ?
b. Chaque baguette mesure 20 cm. Combien de baguettes lui faudra-t-il pour construire sa ligne de 3 mètres ?

3 * Alison a répondu à ce problème :

> Chaque heure, Julien marche 5 km. Au bout de deux heures, il dit qu'il a parcouru 10 000 m. A-t-il raison ?
>
> **Réponse :** *Julien a tort, car s'il a marché 5 km en 1 heure, il a marché 10 km en 2 heures. 10 km, c'est plus petit que 10 000 m. Donc Julien n'a pas parcouru 10 000 m.*

Que penses-tu de la réponse d'Alison ? Justifie ta réponse.

4 * Arthur a répondu à cet exercice :

> Range ces mesures de la plus petite à la plus grande.
>
> AB = 340 mm CD = 150 mm
>
> EF = 25 cm
>
> **Réponse :** *CD ; EF ; AB.*

Es-tu d'accord avec la réponse d'Arthur ?

5 ** Voici la hauteur de trois maisons :

580 cm 3 m 50 cm 4 m 50 cm

Range ces hauteurs dans l'ordre croissant.

6 ** Justin mesure 1 m 25 cm, Rose 104 cm, Marius 1 m 55 cm et Lucie 134 cm. Indique ces mesures en mètres et centimètres, puis range les tailles des enfants dans l'ordre croissant.

7 ** Margot joue avec des cubes en bois de 5 cm de haut. Elle a construit une tour de 1 m 25 cm de haut.

a. Indique la hauteur de sa tour en centimètres.
b. Combien de cubes a-t-elle utilisés ?
c. Pierrick arrive et détruit 30 cm de sa tour. Quelle est la hauteur de la tour après la destruction ?

8 ** Pour le triathlon, Hiroki parcourt :
- 3 km 800 m à vélo ;
- 500 m en nageant ;
- 1 km 500 m en courant.

Il dit à ses camarades qu'il a parcouru plus de 6 000 m au total. Qu'en penses-tu ?

9 * * Au ski, Rayan remonte 7 fois une pente de 150 m avec le tire-fesses. Combien de mètres parcourt-il en tout avec le tire-fesses ? Indique cette distance en kilomètres et mètres.

10 * * * Le record à la nage de M. Vasseur est de 1 km 500 m. Il veut faire mieux. Le bassin olympique mesure 50 mètres de long. M. Vasseur parcourt 25 fois la longueur du bassin. A-t-il battu son record ? Pourquoi ?

11 * * * Éléanor a trois frères. David mesure 1 m 10 cm. Cédric et Simon ont chacun 20 cm d'écart avec David. Contrairement à Simon, Cédric est plus grand que David.

Quelle est, en centimètres, la taille de chacun des trois garçons ?

Calculer un périmètre

12 * Est-il exact que le périmètre de la pelouse de M. Lopez est de 7 mètres ?

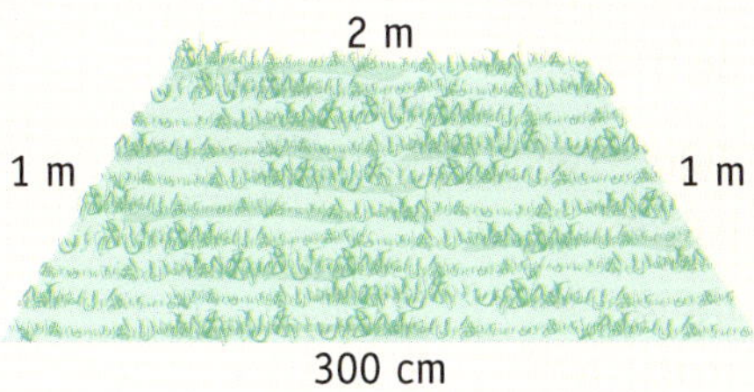

13 * * Le périmètre du champ de M. Dunoyer est de 2 150 cm. Voici son plan.

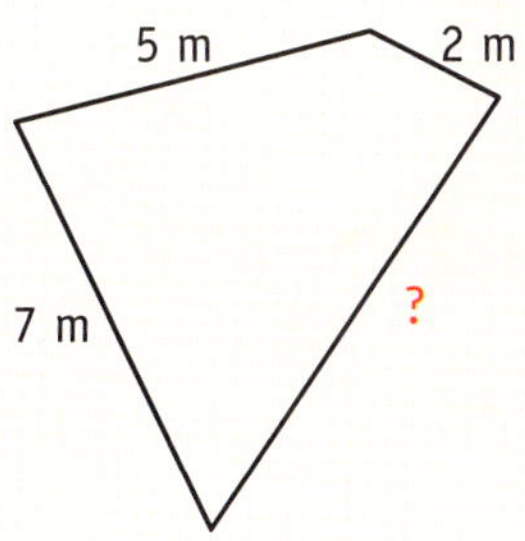

a. Convertis en centimètres les trois longueurs indiquées sur le plan.
b. Calcule, en centimètres, la longueur du côté qui manque.

14 * * La base de la pyramide du Louvre a un périmètre de 140 m. Sachant que cette base est un carré (4 côtés égaux), quelle est la longueur d'un côté ?

15 * * Un terrain de jeux a les dimensions suivantes :

50 m   4 500 cm   34 m   2 200 cm

Quel est, en mètres, le périmètre du terrain de jeux ?

16 * * L'inspecteur Delœil a découvert des indices capitaux pour son enquête. Pour les protéger, les policiers délimitent avec du ruban une zone interdite au public. Cette zone a la forme d'un rectangle de 50 m de long et de 25 m de large. Combien de mètres de ruban faudra-t-il pour fermer la zone de sécurité ?

17 * * * Le bac à sable que M. Berger installe pour ses filles a un périmètre de 7 m 50 cm.

Il a déjà installé des planches le long de deux côtés mesurant chacun 250 cm. Sachant que le 3e côté mesure 1 m 25 cm, quelle est, en centimètres, la longueur du 4e côté ?

Organiser les données d'un énoncé

Julien et Camille doivent répondre au problème suivant :

> Le 2 juin 2011, dans un magasin près de l'autoroute, les parents de David et Mathias achètent un vélo à chacun de leurs enfants. Ils payent au total 245 €. Le vélo rouge de David coûte 135 €. Celui de Mathias est bleu et jaune.
> **Quel est le prix du vélo de Mathias ?**

Cherchons

→ **Que penses-tu des informations notées par Julien pour trouver le prix du vélo de Mathias ?**

→ **Camille a-t-elle relevé toutes les informations ? Que penses-tu de sa démarche ?**

Avant de **résoudre un problème**, il faut :
– **comprendre la question** que l'on pose ;
– **rechercher les informations utiles** pour y répondre.

Ex. : Michel achète trois paires de chaussures à 49 € l'une et un pantalon à 25 €.
Combien Michel paie-t-il les trois paires de chaussures ?
➜ **information utile :** trois paires de chaussures à 49 € l'une
➜ **information inutile :** un pantalon à 25 €

Rechercher une information

1 * **Lis ce texte, puis réponds aux questions.**

Premiers pas de l'homme sur la Lune

Le 16 juillet 1969, à 9 h 32 (heure de New York), la NASA lance une fusée pour la mission Apollo 11. Le 20 juillet 1969, à 22 h 56, Neil Armstrong, capitaine de la mission, est le premier astronaute à poser le pied sur la Lune, suivi de Buzz Aldrin, à 23 h 16. L'exploration lunaire dure 2 h 30. Le module lunaire quitte la Lune le 21 juillet 1969, à 13 h 54. Il fait son retour sur la Terre le 24 juillet 1969 à 12 h 50, dans l'océan Pacifique.

a. Dans ce texte, les horaires sont-ils indiqués à l'heure de Paris ?
b. À quelle heure Buzz Aldrin pose-t-il le pied sur la Lune ?
c. Quand la fusée fait-elle son retour sur la Terre ? À quel endroit ?

Classer et trier des informations

2 * **Lis cet énoncé, puis complète le tableau avec les informations soulignées.**

À l'entrée du magasin, la mère de Milie choisit un cartable à 25 €. Puis elle achète 12 € de fruits, 25 € de produits pour le petit-déjeuner et 17 € de légumes. Ensuite, elle choisit le matériel d'école de sa fille : une règle à 3 € 50 c, un paquet de stylos à 6 €, une gomme à 1 €, un lot de crayons à 4 € 30 c. Avant de partir, elle prend une baguette à 90 c.

a. Quelle somme la mère de Milie va-t-elle payer pour les fournitures scolaires ?
b. Quelle somme va-t-elle payer pour la nourriture ?

Données utiles pour répondre à la question *a*	Données utiles pour répondre à la question *b*

3 ** **Lis cet énoncé, puis complète le tableau avec les informations soulignées.**

Données utiles	Données inutiles

Vers 14 h 30, Rose décide de faire une pâte à crêpes. Elle met d'abord 950 mL de lait dans un saladier. Puis elle ajoute 5 mL d'eau et verse 500 g de farine. Elle ajoute 4 œufs et une pincée de sel. Elle incorpore 50 g de beurre fondu. Puis elle verse encore, à l'aide d'un doseur de 25 mL, l'équivalent de deux doseurs de lait. Elle utilise du lait demi-écrémé.
Quelle quantité de lait Rose a-t-elle utilisée pour sa pâte à crêpes ?

Associer les informations d'un énoncé à la question

4 * **Lis cet énoncé, puis recopie la question à laquelle tu pourrais répondre.**

Sur le circuit de Magny-Cours, les voitures de Formule 1 mettent 1 min 13 s pour parcourir un tour de 4 km 411 m.

Combien de tours parcourent les voitures ?

À quelle heure se termine la course ?

Quelle distance parcourent les voitures en deux tours ?

5 ** **Trouve l'information qui manque pour répondre à chaque question.**

a. Laura mesure 10 cm de moins que son frère. Quelle est la taille de Laura ?
b. Quelle somme Florent a-t-il donnée pour payer les 4 ballons ?
c. Quelle quantité de lait boit le bébé en une semaine ?

Défi **a.** Invente l'énoncé d'un problème :
– en utilisant ces trois données :

2 verres de jus de fruits   3 verres de soda   6 verres d'eau

– en ajoutant des données inutiles que tu souligneras.
b. Propose ensuite à un camarade de résoudre ton problème.

Utiliser un tableau (1)

Au départ d'une randonnée, les élèves doivent retrouver le nom de leur groupe dans un tableau.

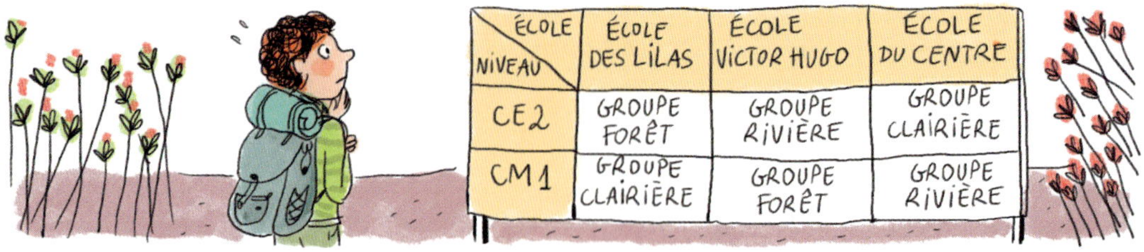

Cherchons

→ **Laurent n'arrive pas à trouver le nom de son groupe. Il est en CE2 à l'école du Centre. Explique comment Laurent peut trouver la case qui le concerne.**

→ **Quel est le nom de son groupe ?**

Pour **rechercher une information dans un tableau**, il faut croiser une ligne et une colonne.

Ex. : Laura est en classe de CM1 à l'école Victor Hugo. Elle est dans le groupe forêt.

École / Niveau	École des Lilas	École Victor Hugo	École du Centre
CE2	Groupe forêt	Groupe rivière	Groupe clairière
CM1	Groupe clairière	Groupe forêt	Groupe rivière

Rechercher des informations dans un tableau

1 * Voici les activités auxquelles sont inscrits six enfants.

Activité / Enfant	Chorale	Théâtre	Peinture	Informatique	Échecs
Aglaé	×	×		×	
Antonin		(×)	×		
Pauline			×		×
Quentin	×			×	
Émilio		×		×	×
Marie		×			

a. Quelle information nous donne la croix entourée en rouge ?

b. Pauline va-t-elle à la chorale ?

c. Combien d'activités Émilio pratique-t-il ? Lesquelles ?

d. Combien d'enfants sont inscrits au club d'échecs ? Indique leur prénom.

e. Quelle activité compte le plus d'inscrits ?

f. Quel enfant participe le moins aux activités ?

2 ** Voici un tableau des sorties, en France, des livres et des films de la saga *Harry Potter*.

	Tome de la saga *Harry Potter*							
	Tome 1	Tome 2	Tome 3	Tome 4	Tome 5	Tome 6	Tome 7	
Année de parution du livre	(1998)	1999	1999	2000	2003	2005	2007	
Année de sortie du film	2001	2002	2004	2005	2007	2009	2010 (partie 1)	2011 (partie 2)

a. Quelle information nous donne le nombre entouré en bleu ?

b. En quelle année le film du 5e tome d'*Harry Potter* est-il sorti ?

c. Quels tomes sont parus trois ans avant le film ?

d. Combien d'années séparent la parution du tome 7 et la partie 2 du film correspondant ?

3 *** Voici les horaires des trains entre Toulon et Marseille.

	Heure de départ				
	Train A	Train B	Train C	Train D	Train E
Toulon	10 h 53	11 h 32	11 h 53	12 h 53	13 h 29
Bandol	11 h 08		12 h 08	13 h 09	
La Ciotat	11 h 20		12 h 20	13 h 21	
Aubagne	11 h 35		12 h 35	13 h 37	14 h 12
Marseille	11 h 55	12 h 16	12 h 55	13 h 55	14 h 31

a. À ton avis, pourquoi certaines cases sont-elles vides ?

b. Pour arriver à Marseille aux alentours de 14 h 00, à quelle heure doit-on partir de Toulon ?

c. Mélina prend le train à 10 h 53 à Toulon. Elle s'arrête à Aubagne pour voir ses grands-parents et veut reprendre le train une heure plus tard. Quel train peut-elle reprendre à Aubagne ? À quelle heure arrive-t-elle à Marseille ?

Défi On a noté les points gagnés par deux équipes lors d'un grand tournoi de sports collectifs.

	Points obtenus	
	Équipe A	Équipe B
Jour 1	0	2
Jour 2	2	2
Jour 3	1	1

- Un match gagné vaut 2 points.
- Un match nul vaut 1 point.
- Un match perdu vaut 0 point.

Quel doit être le résultat des deux prochains matchs de l'équipe B pour que celle-ci marque 9 points en tout ?

Utiliser un tableau (2)

L'office du tourisme a affiché un tableau présentant le nombre de sièges de chacune de ses salles de spectacles.

Type de siège \ Salle	L'Étoile	Le Globe	Le Molière
1re catégorie	178	464	282
2e catégorie	154	342	228
Strapontins	17	23	11
Total	349	829	521

Cherchons

→ **Que signifie le nombre 349 ?**

→ **Quel est le nombre total de sièges de l'ensemble de ces salles ?**

▶ Dans un tableau, on peut **sélectionner des nombres** pour **calculer** et **trouver de nouvelles informations**.

Ex. : Pour connaître le nombre total de strapontins, on effectue un calcul :
17 + 23 + 11 = 51
Il y a 51 strapontins au total.

Type de siège \ Salle	L'Étoile	Le Globe	Le Molière
1re catégorie	178	464	282
2e catégorie	154	342	228
Strapontins	17	23	11
Total	349	829	521

▶ Parfois, le résultat de certains calculs (comme le total d'une ligne ou d'une colonne) est déjà indiqué. *Ex :* Il y a 829 sièges dans la salle du Globe.

Traiter les données d'un tableau

1 * Une école a mené une enquête sur le nombre d'enfants se brossant les dents 3 fois par jour, 2 fois par jour et 1 fois par jour.

Classe \ Nombre de brossages	1 fois par jour	2 fois par jour	3 fois par jour
CP	8	10	7
CE1	7	17	6
CE2	6	16	5
CM1	6	3	12
CM2	4	17	7
Total	31	63	37

a. Combien d'élèves se brossent les dents 3 fois par jour ?

b. Pour avoir des dents en bonne santé, il faut les brosser au moins deux fois par jour. Combien d'élèves ne se brossent pas assez souvent les dents ?

c. Combien de CP ont été interrogés ?

2 * Ce tableau présente le nombre d'élèves dans les quatre classes de l'école des Peupliers.

Vrai ou faux ? (Corrige les phrases qui sont fausses.)

a. La classe B est une classe de CP-CE1.
b. L'école compte moins d'élèves de CE1 que d'élèves de CP.
c. La classe C compte 26 élèves.
d. L'école compte 16 élèves de CM1.
e. La classe D compte 27 élèves.

Classe	CP	CE1	CE2	CM1	CM2
A	25	0	0	0	0
B	0	12	13	0	0
C	0	0	15	11	0
D	0	0	0	8	20

3 ** Ce tableau indique la distance en kilomètres entre plusieurs grandes villes.

	Paris	Hong Kong	Le Caire	New York	Sydney
Paris (France)		9 627	3 209	5 831	16 950
Hong Kong (Chine)	9 627		8 139	12 953	7 364
Le Caire (Égypte)	3 209	8 139		9 016	14 406
New York (États-Unis)	5 831	12 953	9 016		15 977
Sydney (Australie)	16 950	7 364	14 406	15 977	

a. Quelle est la distance entre Paris et New York ?
b. Quelles sont les deux villes les plus éloignées l'une de l'autre ?
c. Voici le voyage en deux étapes effectué par Noémie :

Paris → Le Caire ; Le Caire → Hong Kong

Quelle distance Noémie a-t-elle parcourue en tout ?
d. Imagine un voyage en trois étapes et calcule la distance parcourue.

4 *** Roméo, le serveur, a établi une fiche qui récapitule les consommations de la journée du bar-restaurant « Les Tilleuls ». La fiche a été tachée.

Boisson / Lieu	Café	Soda	Sirop	Jus de fruit	Thé	Cappuccino	Total
Bar	168	48		24	7	17	266
Terrasse	76	181	20	37		3	321
Restaurant	89	52	7	92	13	0	253
Total		281	29	153		20	

a. Calcule les nombres qui ne sont plus visibles.
b. Quelle boisson a eu le plus de succès ? Le moins de succès ?

Défi **Comme par magie !**

Complète ce tableau à l'aide des indices.

?	?
?	?

- *La somme des nombres de chaque ligne et de chaque colonne donne toujours le même résultat.*
- *La somme des quatre nombres du tableau est égale à 12.*

Utiliser un graphique (1)

Voici à gauche la courbe de poids de Pauline et à droite, un graphique indiquant le nombre de fois par an où elle est allée chez le médecin.

Évolution du poids de Pauline

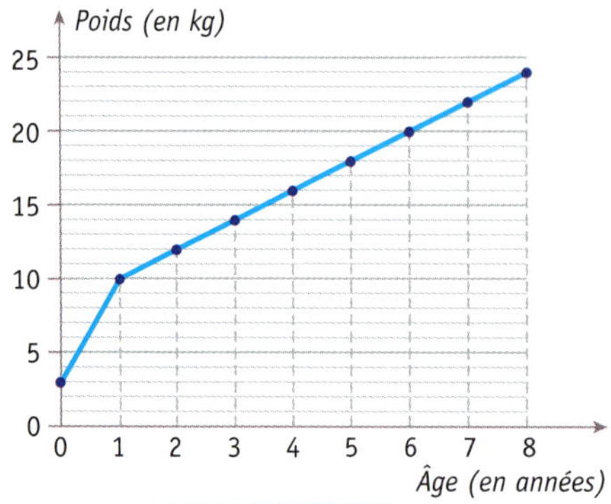

Graphique 1

Visites chez le médecin

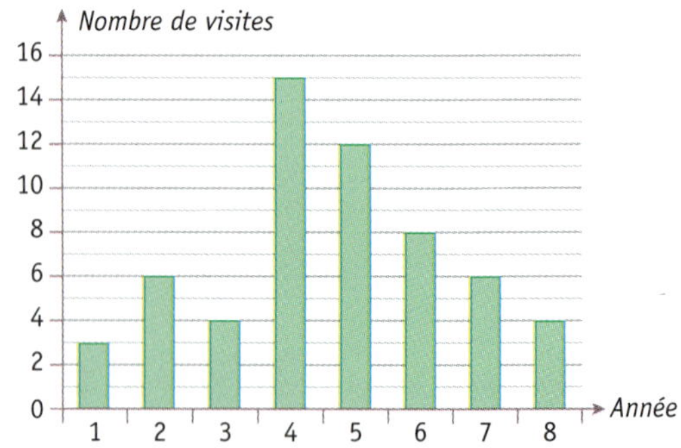

Graphique 2

Cherchons

→ **Que vois-tu de commun dans la construction des deux graphiques ? Que vois-tu de différent ?**

→ **Quelles informations les axes horizontaux et verticaux nous donnent-ils sur le graphique 1 ? Sur le graphique 2 ?**

→ **Comment fais-tu pour trouver le poids de Pauline à 2 ans ?**

→ **Trouve l'année durant laquelle Pauline est allée le plus souvent chez le médecin. Explique ta démarche.**

Un **graphique** permet de **représenter des informations chiffrées** sous la forme d'une **courbe**, de **bâtons**, etc.
Sur ce graphique, chaque point est relié à une donnée de l'axe vertical et à une donnée de l'axe horizontal.
Ex. : À 6 ans, Pauline pesait 20 kg.

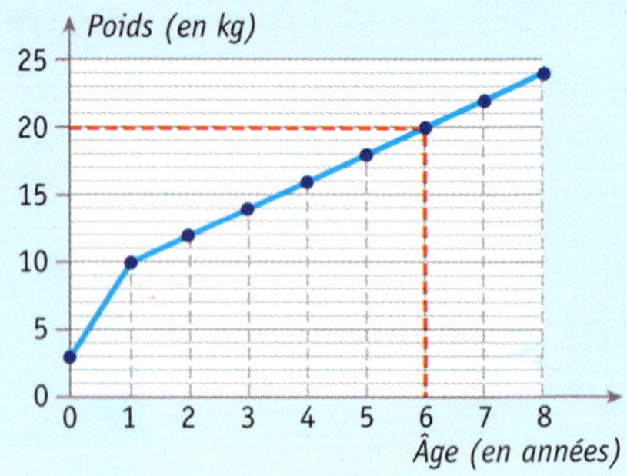

1 * Une bibliothécaire demande à sept enfants le nombre de livres qu'ils ont lus pendant les grandes vacances.

a. Quelle information nous donne la première barre ? La deuxième barre ?
b. Combien d'enfants ont lu deux livres ?
c. Quel est le record de livres lus ?
d. Combien d'enfants ont lu plus de trois livres ?

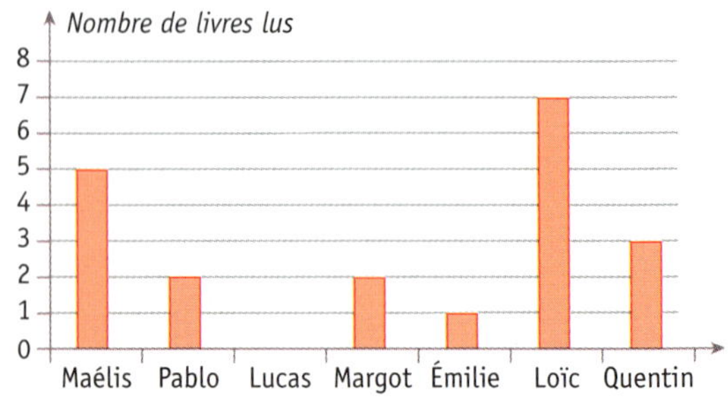

2 * Nadia prépare un exposé sur les livres pour enfants. Elle fait voter ses camarades pour choisir leur genre d'histoire favori.

Genre d'histoire favori

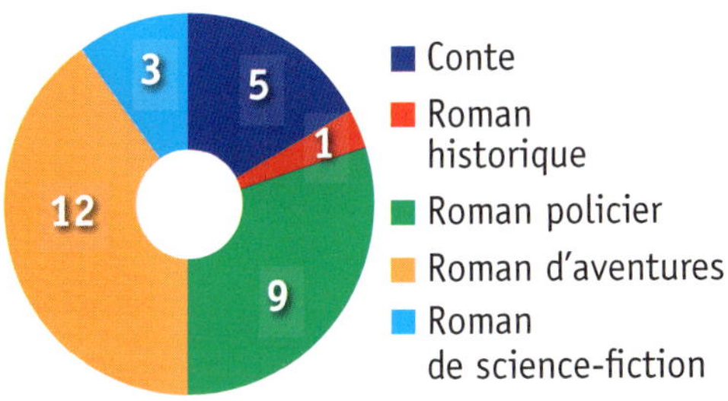

a. Combien d'enfants ont voté ?
b. Combien de voix les contes remportent-ils ?
c. Plaisent-ils plus ou moins que les romans policiers ? Justifie ta réponse.
d. Quel genre d'histoire a le moins de succès ?
e. Quel est le genre favori des élèves ?

3 ** Cette courbe représente la durée d'ensoleillement par jour pour chaque mois de l'année en France.

a. Quelle information donne le point rouge ?
b. Quels mois ont la durée d'ensoleillement la plus longue ? La plus courte ?
c. Quel mois a la même durée d'ensoleillement que le mois d'avril ?

Durée d'ensoleillement dans une journée

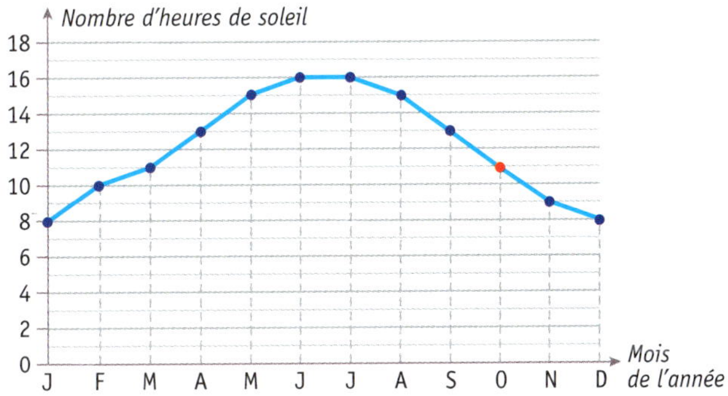

4 *** Observe ce graphique.

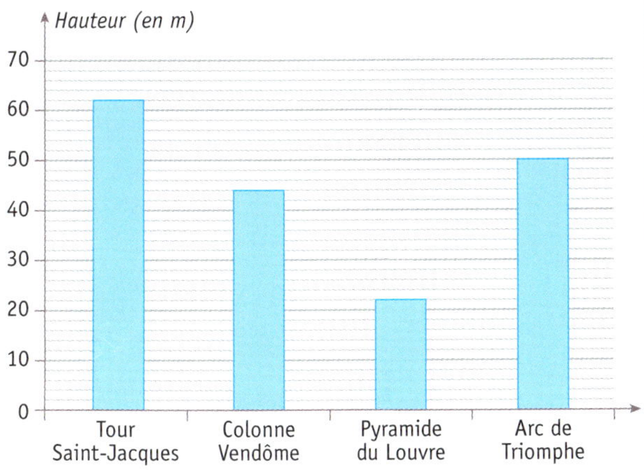

La tour Saint-Jacques

La colonne Vendôme

a. Quelle information le graphique nous donne-t-il ?
b. Combien de mètres d'écart y a-t-il entre l'Arc de Triomphe et la colonne Vendôme ?
c. Quel est le plus grand monument ? Quelle est sa taille ?
d. Quel monument mesure moins de 44 mètres ?
e. Pourquoi la tour Eiffel (324 m) n'est-elle pas représentée sur le graphique ?

Défi Que pourrait-on représenter par une courbe qui monte et qui concerne les premières années de la vie d'un animal ou d'un végétal ?

Utiliser un graphique (2)

Nombre de dents en fonction de l'âge

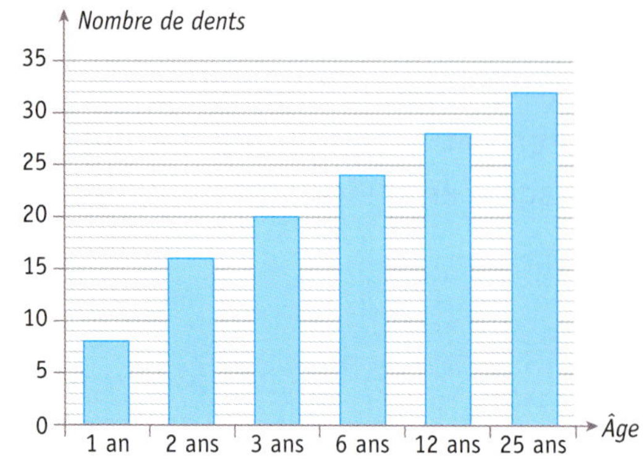

Cherchons

→ **Observe ce graphique. Que font les barres lorsque l'âge augmente ?**

→ **Que peux-tu en déduire concernant le nombre de dents des êtres humains ?**

→ **As-tu eu besoin de regarder les graduations du graphique pour trouver cette information ?**

▶ **Rappelle-toi :** pour **représenter des informations chiffrées**, on peut utiliser des **graphiques**.

▶ Avant même de lire les informations chiffrées, on peut voir des **informations générales**.

Ex. : Sur ce graphique, on voit qu'entre 2007 et 2011, Joris a gagné de moins en moins de médailles.

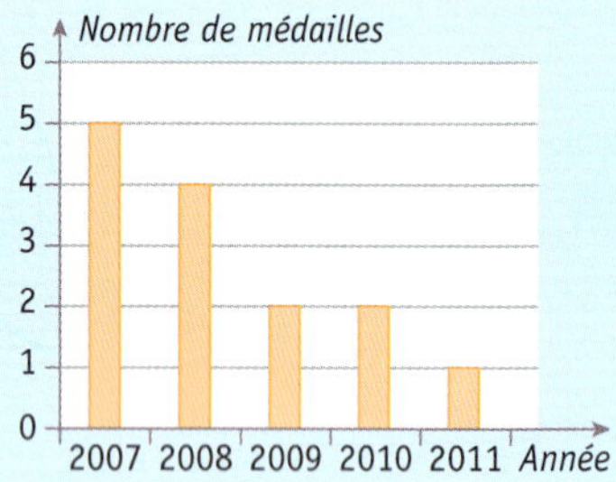

1 * M. Duchapiteau calcule le nombre de billets vendus chaque jour dans son cirque.

Vrai ou faux ?

a. Le nombre d'entrées est à peu près le même tous les jours de la semaine.

b. C'est le samedi qu'il y a eu le plus d'entrées.

c. Le mardi, les ventes ont été moins bonnes que le vendredi.

d. C'est le jeudi qu'il y a eu le moins d'entrées cette semaine.

Vente de billets dans la semaine

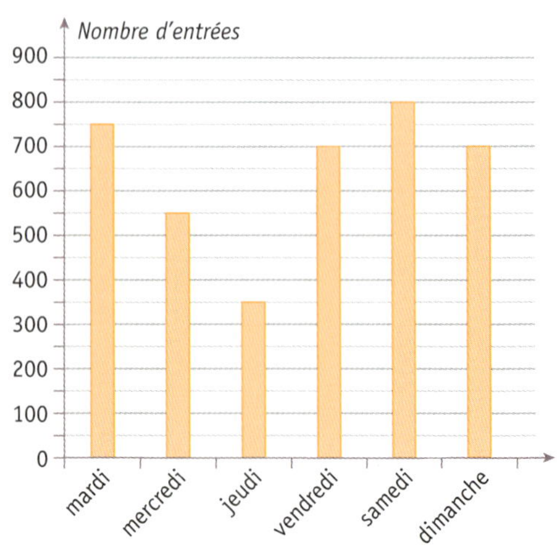

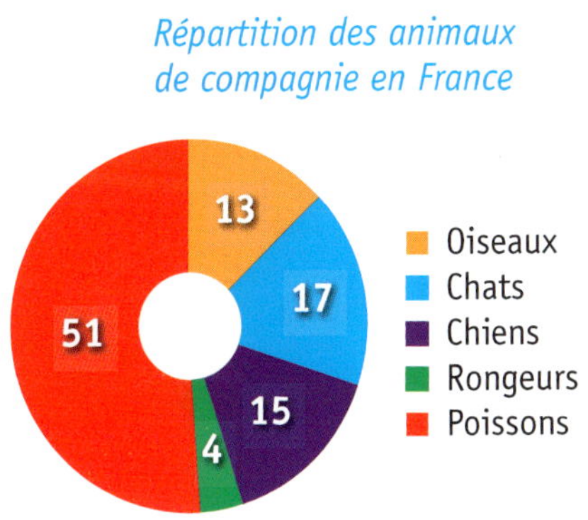

2 * * Voici la répartition des animaux de compagnie dans 100 familles françaises qui ont un animal.

a. Dans les familles françaises, quel animal de compagnie retrouve-t-on le plus ? Le moins ?

b. Trouve-t-on plus de chats ou plus d'oiseaux ?

c. Vrai ou faux ? Les chats et les chiens représentent environ la moitié des animaux de compagnie en France.

3 * * Chaque année, la mère de Léa et Simon a noté la taille de ses deux enfants.

a. Qui est le plus grand des deux enfants ?

b. À quel âge les deux enfants faisaient-ils la même taille ?

c. Combien de centimètres d'écart y avait-il entre eux à 5 ans ? À 7 ans ? À 9 ans ?

d. Sait-on qui était le plus grand à la naissance ? Justifie ta réponse.

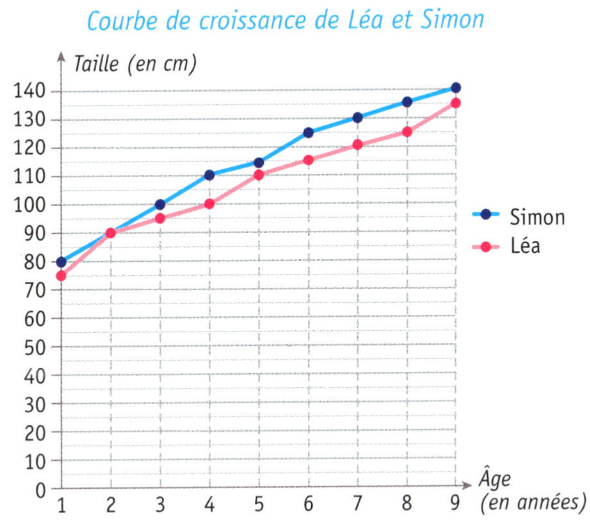

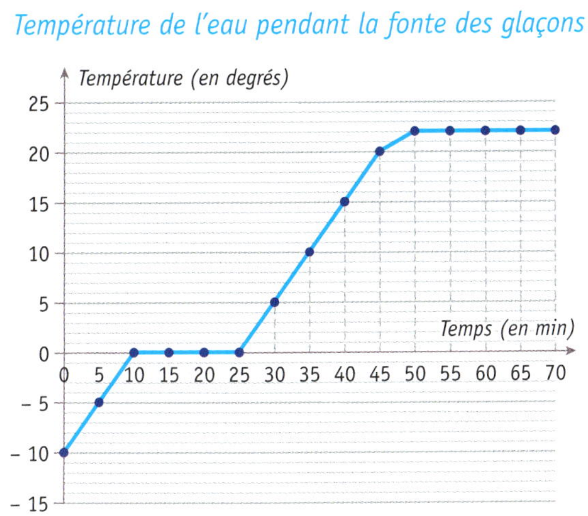

4 * * * En sciences, les élèves repèrent la température dans un bocal où des glaçons fondent. Le maître explique que, pendant la fonte des glaçons, la température reste la même ; puis elle remonte.

a. À quelle température les glaçons ont-ils fondu ?

b. Pendant combien de temps la température est-elle inférieure à 0 degré ?

c. Quelle est la température de l'eau à la fin de l'expérience ?

Défi Chaque couleur représente la taille d'un enfant. À l'aide de ces indices, associe chaque enfant à la couleur correspondante.

- *Damien a toujours été le plus grand et Éloïse la plus petite.*
- *Gaspard a toujours été plus grand qu'Éloïse mais plus petit que Maya.*

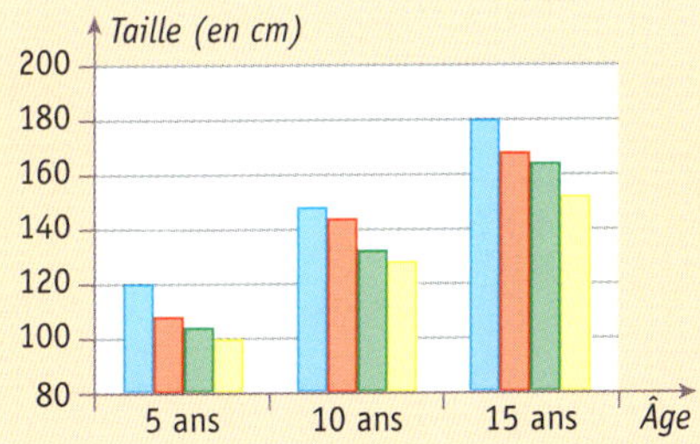

Organisation et gestion de données

Révisions

Organiser les données d'un énoncé

1 * **Recopie la question à laquelle tu pourrais répondre.**

Des assiettes se vendent par cartons de 12. Paul veut acheter 48 nouvelles assiettes pour son restaurant.

→ Combien d'assiettes y a-t-il par table ?

→ Combien de cartons doit-il acheter ?

→ Combien d'assiettes aura-t-il dans son restaurant ?

2 ** **Quels nombres sont utiles pour résoudre ce problème ?**

Le 24 avril 2011, Antonin entre dans un magasin de sport avec 3 amis. Il regarde 15 articles différents. Il décide d'acheter 10 balles de golf. Chaque balle coûte 2 €. Il paie avec un billet de 50 €. Le vendeur lui rend la monnaie avec des billets de 5 €. **Quelle somme paye-t-il pour ses 10 balles de golf ?**

Utiliser un tableau

3 * Voici les habitudes de jeux de cinq enfants.

	Lola	Auriane	Romain	Nawel	Théo
Jeux de société		× (entouré en bleu)		×	×
Jeux de cartes			×		
Jeux d'adresse		×		×	×
Jeux d'extérieur	×	×	×	×	×
Jeux vidéo	×			(entouré en rouge)	×

a. Quelle information donne la case entourée en bleu ? En rouge ?

b. Qui joue souvent aux cartes ?

c. À quels jeux Théo a-t-il l'habitude de jouer ?

d. Avec qui Nawel peut-elle jouer à un jeu de société ?

e. La console vidéo de Lola ne fonctionne plus. À quoi va-t-elle certainement jouer ?

f. Quel type de jeu plaît à tous les enfants ? Quel type de jeu a le moins de succès ?

4 ** Quatre amis ont ramassé des fleurs pour faire des bouquets.

a. Complète les cases vides du tableau.

b. Quel enfant a ramassé le plus de fleurs ?

c. Quelle fleur a été la moins ramassée ?

d. Les enfants font un bouquet avec les fleurs rouges et jaunes d'Éléa. De combien de fleurs est formé le bouquet ?

	Fleurs bleues	Fleurs jaunes	Fleurs rouges	Total
William		0	13	
Léna	5	9	0	14
Éléa	3	8		17
Anthony	14	2	4	20
Total	28		23	

Utiliser un graphique

5 * Voici la répartition des 24 heures d'un jour d'école pour Jules.

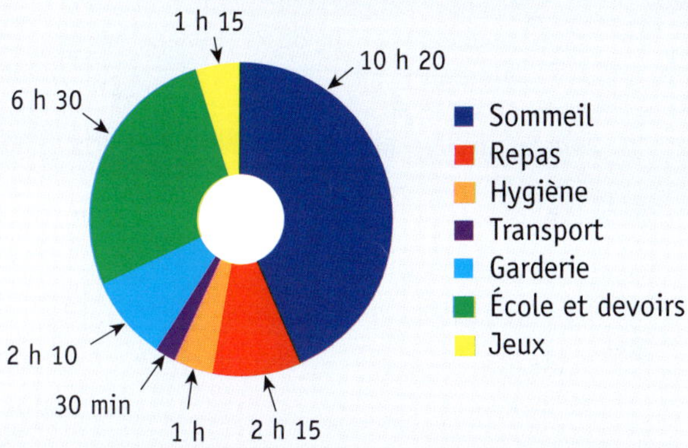

a. Quelle activité prend le plus de temps à Jules ? Pendant combien de temps ?
b. Quelle autre activité occupe une grande place dans sa journée ? Combien de temps dure-t-elle ?
c. Quelles activités occupent moins de 2 heures dans la journée ?
d. Range les activités de Jules de la plus longue à la plus courte.

6 ** Observe ces deux graphiques.

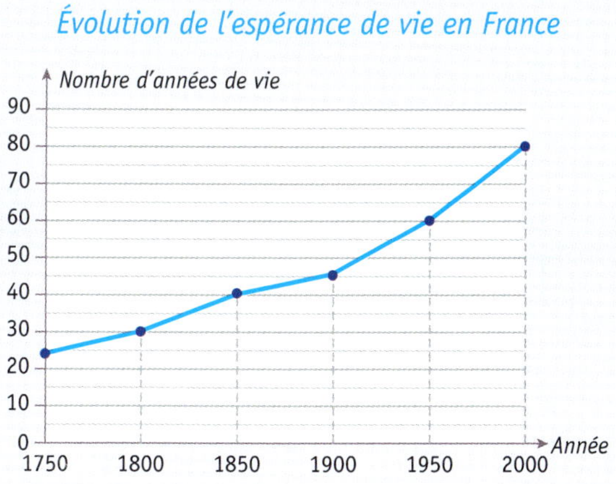

graphique 1

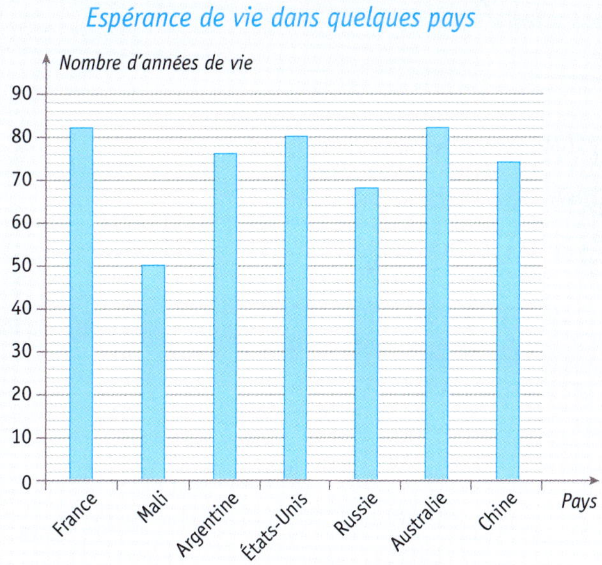

graphique 2

L'espérance de vie dans un pays est la durée de vie moyenne de ses habitants.

Observe le graphique 1.

a. En France, l'espérance de vie a-t-elle augmentée ou diminuée ?
b. Quelle était l'espérance de vie des Français en 1750 ? en 1900 ? en 2000 ?
c. Entre 1950 et 2000, combien d'années d'espérance de vie les Français ont-ils gagné ?

Observe le graphique 2.

d. Dans quels pays l'espérance de vie est-elle la plus longue ? La plus courte ?
e. Quelle est l'espérance de vie des Russes ?
f. Quels pays ont une espérance de vie inférieure à 70 ans ?

Crédits photographiques

p. 44 : © Aquarium de Lyon ; **p. 46** : © AKG-Images/Bildarchiv Steffens ; **p. 57** : © Leemage/Photo Josse (Denis Diderot) ; **p. 61** : © Rue des Archives/PVDE ; **p. 66** : © Visual Press Agency/Zuma/VWPics ; **p. 67** : © Photononstop/ Godong ; **p. 71** : © Biosphoto/Stephen Datton/Photoshot ; **p. 73** : © AFP/Raigo Pajula/Estonia Out ; **p. 74** : © Rue des Archives/The Granger Collection, NYC (Louis Pasteur) ; **p. 86** : © Leemage/Aisa ; **p. 88** © Space Imaging/Sipa (Pentagone) ; **p. 98** : © AKG-Images/© ADAGP, Paris 2012 ; **p. 110** : © Château de Vizille ; **p. 127** : © Biosphoto/ Discherl Reinhard ; **p. 129** : © Gruyère AOC ; **p. 135** : © REA/The New York Times-Redux/Jacob Slaton ; **p. 141** : © Hemis.fr/Jean-Paul Hazam ; **p. 147** : © Leemage/Cuboimages ; **p. 148** : © NASA ; **p. 151** : © Collection Christophe L.

© **iStockphoto** : p. 26, p. 35, p. 40, p. 49, p. 57, p. 59, p. 63, p. 72, p. 79, p. 87, p. 88, p. 89, p. 90, p. 104, p. 136, p. 139, p. 155.

© **Fotolia** : p. 40, p. 55, p. 57, p. 63, p. 74, p. 89, p. 132, p. 136, p. 145, p. 155.

Conception de couverture et maquette intérieure : Valérie Goussot et Delphine d'Inguimbert

Mise en pages : STDI

Illustrations : Clotilde Szymanski

Iconographie : Geoffroy Mauzé

Cartographie : STDI

Relecture : Lucie Martinet

Édition : Marion Jacquemart

5, allée de la 2e D.B.
75015 Paris

Achevé d'imprimer en juillet 2015 par Canale Italie
Dépôt légal : février 2012 – N° d'éditeur : 2015-1105